JN192088

知っているようで、知らなかった

自衛隊の今がわかる本

Japan Self-Defence Forces NOW!

軍事フォトジャーナリスト
菊池雅之

ウェッジ

はじめに

自衛隊の取材を始めるようになって20年以上になります。陸海空、アフリカの大地から、太平洋上、厳冬の北海道、一般人が立ち入ることのできない硫黄島まで……。カメラを片手に世界中を駆け回ってきました。長い取材活動の中で、数多くの自衛官の方々とお会いして、お話を伺ってもきました。

現在、憲法改正について議論が活発になされています。その議論を聞き、時には皆様の前でコメントをしながら、感じていること。それは「自衛隊の実像」をもっと知ってもらいたい、ということです。

年間予算5兆円、人員約30万人（予備自衛官を含む）……。その予算は世界と比べてどの程度なのか、人員は周辺諸国と比べて多いのか少ないのか、そして、どのような人が、どのような思いで、どのような装備を使い、どういった任務についているのか。知っているようで知られていない自衛隊のことはたくさんあるように感じています。長年にわたる取材を通して得た、数字で知り得る事実と、現場に足を運んだことで知り得る「空気感」。それらを、できるだけわかりやすく、過不足なく紹介することができれば、「自衛隊とは何か」をより深く考えるきっかけになるのでは、と考えるようになりました。

この本は、そんな思いから、自衛隊を考える上で知っておきたいことを詰め込んで作った1冊です。気軽にお手にとって、気になるページから写真を眺め、文章を読んでみてください。それが皆様にとって自衛隊の「今」を知るためのきっかけになれば、望外の喜びです。

2018年10月　インド洋上で

菊池雅之

自衛隊の最新装備

DATA

全長 15.67m／全幅 10.67m／全高 4.39m

最大速度　マッハ1.6

航続距離　2222km

● Stealth Aircraft
〈ステルス戦闘機〉

F-35A

長らく日本の空を守り続けてきたF-4ファントムⅡやF-15イーグルの初期型を更新するため、2018年から最新鋭ステルス戦闘機F-35Aの配備が始まった。トータルで42機を配備する。見た目通り、ステルス性を追求した近未来的なデザインとなっている。対空・対艦・対地・巡航ミサイル、そして爆弾など、多種多様な武器が搭載可能で、基本的にミサイルは機体の中に収納し、使う時だけ出す仕組みだ。機体表面には6個のセンサーカメラが取り付けてある。各カメラの映像は繋げられ、360度の映像としてヘルメットのバイザーの内側に投影される。パイロットが下を向けば、自分の体、そして機体をも透過し、眼下の景色が映し出され、死角はゼロ。まるで鳥のように空を飛ぶ操縦を可能にした。

自衛隊の

最新装備

F-15

Fighter Aircraft
〈戦闘機〉

航空自衛隊の主力戦闘機F-15イーグル。J型（単座）とDJ型（複座）の2種類があり、全国に8個ある飛行隊等にあわせて約200機を配備している。

1985年以降に配備された約半数の機体は、性能向上のため、日本独自の近代化改修が施され、国産の最新式99式空対空誘導弾AAM-4が搭載可能となった。また、今後は、JSMやJASSM-ERなどの巡航ミサイルも搭載する計画だ。

DATA

全長 19.4m／全幅 13.1m／全高 5.6m

最大速度　マッハ2.5

航続距離　2,800km（機内燃料のみ）

DATA

全長 15.52m／全幅 11.13m／全高 4.96m

最大速度　マッハ2.0

航続距離　4,000km（フェリー飛行時）

C-2

● Cargo Aircraft〈輸送機〉

2016年より配備が開始された輸送機C-2。島しょ部や災害現場などへの迅速な部隊輸送などに活躍が期待されている。川崎重工業が主契約企業となり、国内航空産業各社が協力して作り上げた国産機だ。

これまでの輸送機であるC-1やC-130と比べると全長を約10m長くした。これにより貨物室内の搭載量は増大。最大貨物積載量は36tとなり、これはC-1の3倍を超える。人員であれば最大110名もが搭乗できる。

DATA

全長 43.9m／全幅 44.4m／全高 14.2m	
最大積載量	36t
航続距離	9,800km（0t積載時）

● Fighter-Bomber〈戦闘爆撃機〉

F-2

1982年から次期支援戦闘機の国産開発計画がスタート。しかし、エンジン開発が難航し、その結果、日米共同開発という道を進むことになる。敵艦艇と戦う海自護衛艦や敵陸上部隊と戦う陸自部隊を空から支援するような任務を行う戦闘機で、諸外国では「戦闘爆撃機」もしくは「戦闘攻撃機」にあたる。海や空に機体を溶け込ませるように、“洋上迷彩”と呼ばれる濃紺の独特のカラーをしている。

のが特徴だ。積極的に艦艇や潜水艦、航空機などと戦える武装はない。個艦防御用短距離ミサイル「SeaRAM（シーラム）」と近接防御用火器システムである「ファランクス」のみ。SeaRAMは海自ではいずも型が初めて搭載した。

DATA

全長 248.0m／全幅 38.0m／乗員 約470名	
基準排水量	19,500t
最大速力	30ノット

自衛隊の

最新装備

●DDH 〈ヘリコプター搭載護衛艦〉

いずも型

海上自衛隊史上最大の大きさとなった護衛艦「いずも」型。「いずも」と「かが」の2隻を配備している。全長248mは、東京都庁の高さ（243m）とほぼ同じ。あれほどの高さの建造物が横たわっていると考えれば、その巨大さが分かるというもの。ちなみに、大日本帝国海軍時代の中型空母とほぼ同じ全長でもある。

フライトデッキでは、5機のヘリコプターを同時運用可能。艦内のドックを含めると、最大14機ものヘリが搭載可能となる。航空運用能力をアップした分、武装を簡略化している

自衛隊の

最新装備

DATA

全長 170m／全幅 21.0m／乗員 約300名

基準排水量 8,200t

最大速力 30ノット以上

DATA

全長 165m／全幅 21.0m／乗員 約310名

基準排水量 7,750t

最大速力 30ノット以上

● DDG〈イージス護衛艦〉

まや型

2018年7月30日、最新イージス艦が命名進水式を迎えた（写真）。名付けられた艦名は「まや」。就役は2020年3月の予定だ。2番艦も建造中で、最終的に「まや」型として2隻が就役する。これにより、「こんごう」型4隻、「あたご」型2隻に加え、日本はアメリカに次ぐ8隻ものイージス艦を保有することになる。

特徴は、最初から弾道ミサイルを撃破できるシステムとミサイルを搭載している点だ。さらにCECと呼ばれる共同交戦能力を持ち、空自の早期警戒機などとリンクしながら、水平線の向こうの敵とも戦えるようになる。

● DDG〈イージス護衛艦〉

あたご型

こんごう型イージス艦に続いて、2007年あたご型イージス鑑の1番艦「あたご」が、翌年には2番艦の「あしがら」が就役した。こんごう型との大きな違いがレーダーマスト。あたご型は、本来垂直にそびえているはずのマストに角度をつけている。これは「傾斜マスト」と呼ばれるもので、敵の電波を乱反射させ、まっすぐに跳ね返さないため、レーダーに映りにくくするステルス効果がある。また、後部スペースをヘリ甲板としながらも格納庫を持たなかったこんごう型と異なり、あたご型はヘリ甲板と格納庫を作り、常にヘリを1機搭載している。現在、弾道ミサイル対処用に改修が行われている。

自衛隊の

最新装備

研究等が行われた。

'12年より、最初の実戦部隊である第1戦車大隊（駒門駐屯地・静岡県）へと配備された。以降、第2師団・第2戦車連隊（上富良野駐屯地・北海道）、西部方面戦車隊［旧第8戦車大隊］（玖珠駐屯地・大分県）、第7師団・第71戦車連隊（北千歳駐屯地・北海道）へと配備されていく。

これまで各戦車間の連絡は無線を通じて行っていたのだが、これを完全ネットワーク化した。車内にはモニターが置かれ、画面には仲間の戦車の残弾数や残燃料までも表示される。まるで“TVゲーム”のようだ。

自家用車ではお馴染みのCVT（無段変速機）で、変速時のショックがないため、スラロームしながらの射撃が可能となった。

● MBT〈戦車〉

10式戦車

DATA

全長 約9.4m／全幅 約3.2m／全備重量 約44t	
武装	120㎜滑空砲
最高速度	約70㎞/h

日本全国の戦車部隊に配備されている74式戦車の後継として開発された国産4代目戦車だ。90式戦車までに培った技術に加え、ネットワーク化、ハイテク化を取り入れ、「戦うコンピューター」との異名を持つ。

2002年よりTK-X（TK=タンク（戦車）、X=試作）として、開発がすすめられ、'10年に富士学校（静岡県）へと試作車を配備。教育・

自衛隊の

最新装備

●MBT〈戦車〉

90式戦車

東西冷戦当時、ソ連陸軍は、125㎜砲を装備したT-80戦車の配備を進め、さらにT-80以前に開発されたT-72を改造した新型戦車計画（後のT-90）もあった。これらの戦車が日本に上陸してきた際に撃破するため、打撃力の強い戦車を作ることになった。それが1990年から配備された90式戦車だ。

当時の戦車としては画期的であった、照準具安定装置、自動装填装置、デジタル計算装置といったハイテク化を追求。戦車砲は、ドイツのラインメタル社の44口径120㎜滑腔砲L44をライセンス生産したものを採用した。

自動装填装置により、これまで装填手が行ってきた砲弾を砲身へと装填する作業が必要なくなった。74式戦車まで「車長」「操縦手」「射手」「装填手」の4名で運用してきたが、90式では乗員は3名である。調達は2009年で終了し、約20年の間に生産された数は約341両。1両あたりの価格は最終的に11億円で、配備当初は“世界一高い戦車”ともいわれたが、結果的に世界の戦車の平均的な金額に落ち着いている。

DATA

全長 9.80m／全幅 3.40m／全備重量 約50t	
武装	120㎜滑空砲
最高速度	70㎞/h

16式機動戦闘車は、戦車と装甲車の良いとこ取りをしたニューコンセプトヴィークルだ。総重量を26tと抑えたことにより、空自が新しく配備するC-2輸送機での空輸も可能となった。足回りは8輪のタイヤで、舗装された道路であれば、時速100kmで走行でき、悪路であっても走破性は高い。

砲塔には105㎜ライフル砲が備えられている。74式戦車と同等の砲ではあるが、戦車用砲弾は飛躍的に進化しており、120㎜滑腔砲を持つ90式戦車と同等の打撃力を有すともいわれている。なお、砲塔の形状は、試作型と量産型で異なっている。

今後新編されていく即応機動連隊内の「機動戦闘車隊」に配備される。現在は、第42即応機動連隊（北熊本駐屯地・熊本県）と第15即応機動連隊（善通寺駐屯地・香川県）の2か所に配備されている。

DATA

全長 8.45m／全幅 2.98m／重量 26t	
武装	105㎜施線砲
最高速度	約100km/h

自衛隊の

最新装備

● MCV 〈機動戦闘車〉

16式機動戦闘車

Contents

＊この本で紹介している情報は2018年10月時点のものです。また、比較やランキングなどの結果は著者と編集部が独自に考えたものです。ご了承ください。

第1章

世界の中の自衛隊

知っているようで、知らない自衛隊。
その実力は？　隊員数は？　装備数は？
そして、どんな訓練をしている？
最新装備から、各国との合同演習のレポート、
さらには数々の海外派遣の実績に加えて
アジア諸国の装備も紹介。
さまざまな角度から光を当てながら、
世界における自衛隊の実像に迫る！

周辺諸国との比較［実力編］

戦力は世界トップ10に入る実力。ただ、予算&隊員数は……

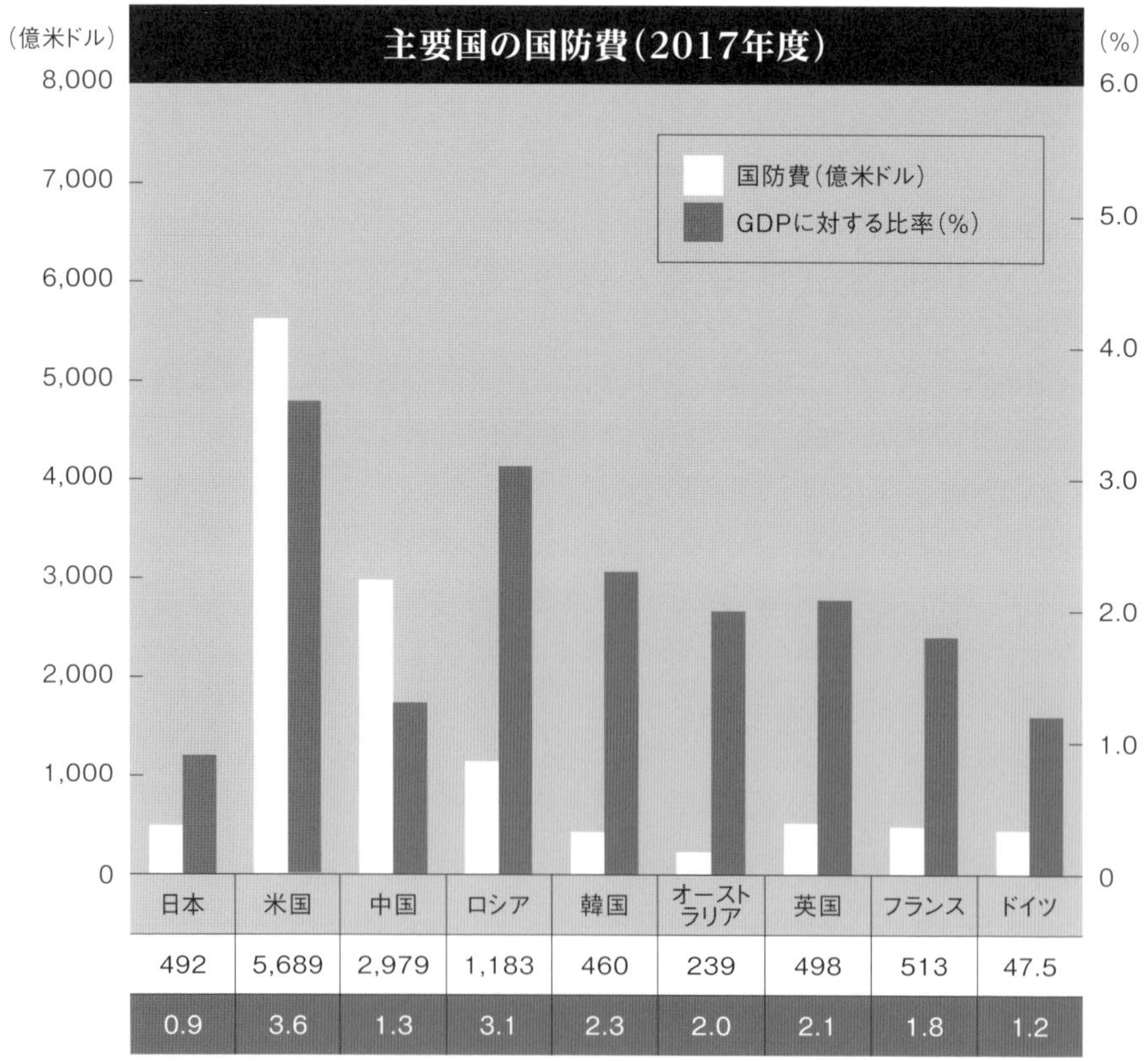

日本	米国	中国	ロシア	韓国	オーストラリア	英国	フランス	ドイツ
492	5,689	2,979	1,183	460	239	498	513	47.5
0.9	3.6	1.3	3.1	2.3	2.0	2.1	1.8	1.2

(注)1 国防費については、各国発表資料によるものであり、ドル換算については2017年度購買力平価(OECD公式HP公表値(2018年7月時点))を用い試算している。
「1米ドル=99.594086円=3.506000元=24.111166ルーブル=877.052289ウォン=1.472003豪ドル=0.713283ポンド=0.796821ユーロ(仏)=0.779292ユーロ(独)」
2 GDPに対する比率について、米国、英国、フランス、ドイツについてはNATO公表値。中国、ロシア、韓国、オーストラリアについては、IMF公表のGDP値を元に試算している。 出典:平成30年版防衛白書

陸自には、作戦単位である師団(定員9000〜6000名)は10個、旅団(定員4000〜2000名)は5個存在する。

日本国民の生命と財産を守る自衛隊は、陸上自衛隊、海上自衛隊、航空自衛隊という3本柱で編成されている。一番人数が多いのが陸上自衛隊だ。その数13万7477人。陸上総隊の下に北部方面隊、東北方面隊、東部方面隊、中部方面隊、西部方面隊を置き、日本列島を分割して警備を行っている。各方面隊には、師団や旅団といった作戦基本単位の部隊がぶら下がる。

海上自衛隊は、4万3033人で構成されている。自衛艦隊の下に、護衛艦隊、航空集団、潜水艦隊、掃海隊群、情報業務群、開発隊群等を置く。さらに、大湊地方隊、横須賀地方隊、舞鶴地方隊、呉地方隊、佐世保地方隊と、5つの地方隊で、領海内を守る。

航空自衛隊は、4万3912人で構成されている。航空総隊の下に、北部航空方面隊、中部航空方面隊、西部航空方面隊、南西航空方面隊を置き、領空を守る。（各自衛隊の編成の詳細は152～159ページ参照）

陸海空自衛隊は日本を守るための装備を有する。そうした装備の購入等で使われる「お財布」、それが防衛予算だ。2018年8月、'19年度のお金の使い道となる「平成31年度概算要求の概要」が発表された。防衛予算の総額は5兆2986億円。想像を超えた桁数であるとともに、そもそも兵器の値段など、値札が付いて陳列されているものでもないので、これが多いか少ないか、国民が正しく理解することは難しい。

そこで一例として、アメリカの状況を見てみよう。'19年度会計における国防予算は約78兆円。日本の仮想敵となった中国の'18年の国防予算は約18兆4000億円。ただし、これにはからくりがあり、軍事研究にかかる費用などは別枠であったりと、正確な国防予算は公表していない。北朝鮮や中国などに囲まれ、日本と同じような安全保障環境に置かれているお隣、韓国は、'19年の国防予算が約4兆7000億円。韓国も過去最大規模の概算要求額となっている。

日本の来年度の防衛予算は過去最大となった。だが、こうして比べると、決してずば抜けて金額が大きいわけではない。

Memo 陸自の戦力構成は、その規模の大きさで、戦略基本単位、作戦基本単位、戦術基本単位におおむね分類される。

防衛省は「概算要求の考え方」として、概要の中で以下のように明記した。『我が国を取り巻く安全保障環境を考えれば、防衛力の「質」及び「量」を必要かつ十分に確保することが不可欠。陸・海・空という従来の領域にとどまらず、宇宙、サイバー・電磁波といった新たな領域の活用が死活的に重要になっている』。

この文章は、新たな自衛隊の創設を匂わせている。実際にドナルド・トランプ米大統領は、'18年6月18日に、国防省に宇宙軍の創設を指示した。これだけ聞くと、『スター・トレック』か『スター・ウォーズ』のような、宇宙戦争を行う部隊の創設!? とイメージしてしまうが、そうではない。情報収集や陸海空軍を効率よく運用するための通信衛星、偵察衛星、航法衛星、気象衛星の一元化、弾道ミサイルの早期警戒、インターネットスペースの管理を行う軍隊だ。

今のところ日本は、弾道ミサイルの早期警戒、サイバーテロ対処などに主眼を置いている。'22年には防衛省の人工衛星「きらめき3号」が打ち上げられる。マル

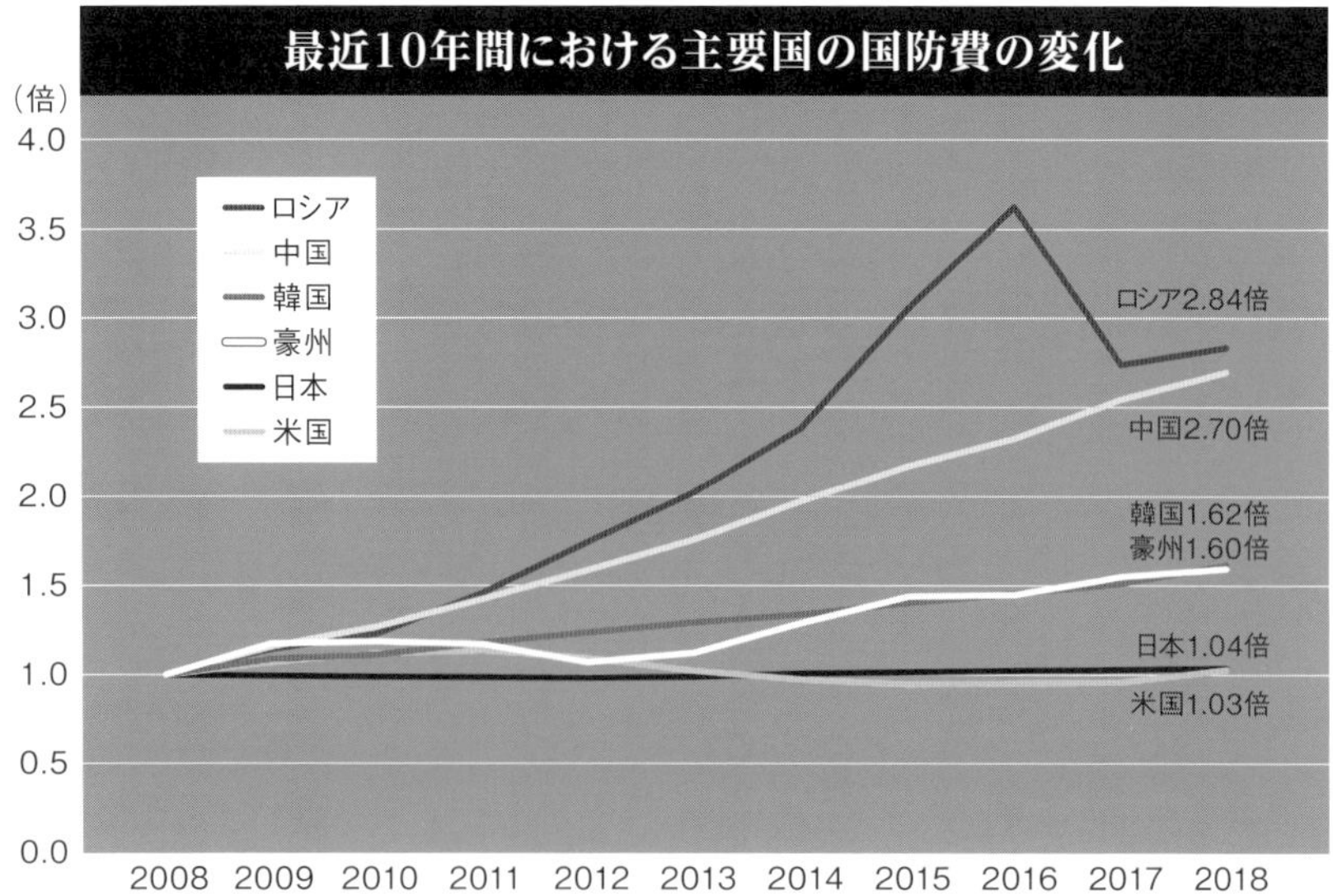

（注） 1 各国発表の国防費を元に作成。
2 2008年度を1とし、各年の国防費との比率を単純計算した場合の数値（倍）である（小数点第3位を四捨五入）。
3 各国の国防費については、その定義・内訳が必ずしも明らかでない場合があり、また、物価水準などの諸要素を勘案すると、その比較には自ずと限界がある。 出典：平成30年版防衛白書

ど複数の領域にまたがった軍事行動のこと。

チドメイン化した部隊を立ち上げる準備も徐々に進んでいる。

話が飛躍したので、現在の自衛隊に戻ろう。実は防衛予算のうち、2兆2000億円近くを人件・糧食費が占める。自衛隊の根幹をなすのは人間力であり、これを不必要に減らすわけにはいかない。

'19年度の大きな買い物としては、6機分のF-35Aの予算916億円が計上されていた。さすが最新鋭ステルス戦闘機だけあり、単純計算で、1機あたり150億円となる。もちろんこれだけにとどまらず、F-35A整備用機材費として475億円が計上されている。

海上自衛隊は、沿岸警備に特化した約3900tの小型護衛艦を2隻建造する。このための予算995億円も計上された。また中国海軍の台頭により、護衛艦不足に陥っているため、老朽化した護衛艦の艦齢延伸等に61億円が計上された。

一番の目玉となるのが「陸上イージス」といわれる新しい弾道ミサイル防衛システム「イージス・アショア」だ。1基あたりの取得費は1237億円。これを2基購入し、山口県と秋田県に配置する。

このように、人数、お金、その使い道を見てみると、自衛隊は世界でも有数の軍隊である。F-35Aを配備しているのはアジアで日本だけ。宇宙を含めたクロスドメイン化を目指す姿勢は、中国に遅れは取っているが、前進を始めている。北朝鮮と中国が、弾道ミサイルを多数保有し、核ミサイルまで手中にあることを考えれば、その対処にお金をかけるのは当然のことだ。

2018年世界の軍事力ランキング

1	アメリカ	11	イタリア
2	ロシア	12	エジプト
3	中国	13	イラン
4	インド	14	ブラジル
5	フランス	15	インドネシア
6	イギリス	16	イスラエル
7	韓国	17	パキスタン
8	日本	18	北朝鮮
9	トルコ	19	スペイン
10	ドイツ	20	ベトナム

*世界136か国の軍事力を、人的資源、武器の多様性など多岐にわたる要素によって算出。核戦力に関してはランキングに考慮しない。 出典:GlobalFirepower.com

Memo マルチ・ドメイン、クロス・ドメイン／陸海空の自衛隊の枠を超え、宇宙空間での戦闘やサイバー戦、電子戦な

周辺諸国との比較
［人員編］

2正面作戦を乗り切るには
自衛隊員数は足りない!?

出典:『数字で見る!　防衛省　自衛隊』

陸海空自衛官及び事務官等職員の総数は24万4893人。この内、陸上自衛隊の数は約14万人。作戦基本単位となる師団・旅団の総数は15個。この数はアジア地域と比べるとどうなるだろうか。

まず中国。中国軍の兵員数の総計は98万人。すでに100万人を超えているとの報道もある。さすが大国だけあり、この数には圧倒される。さらに海兵隊1万5000人を有する。日本にとって脅威なのがこの海兵隊。今のところ、揚陸艦等の数は十分ではないが、水陸両用戦の整備を進めているのは間違いない。

北朝鮮の兵員数の総計は110万人。すごいのはその内の40万人が特殊部隊や工作員である点だ。日本人拉致事件に関与し、「大韓航空機爆破事件」(1987年)や「カンヌヌン浸透事件」(96年)を起こしている。日本領海内で相次いだ不審船事件もすべて北朝鮮工作員によるものだ。

韓国の兵員数は、49万人。作戦基本単位となる師団等は54個もあり、2万9000人の海兵隊も有している。日本と韓国に共通しているのは、国内に米軍を駐留させている点だ。在日米軍の兵員数は2万1000人。在韓米軍の兵員数は1万5000人。なお、駐留米軍の兵員数には、空軍や海軍は含まれていない。

日本と同じく中国の脅威にさらされている台湾。台湾軍の兵員数の総計は13万人。これに約1万人の海兵隊がいる。作戦基本単位となる師団等は15個。数や編成を考えると、日本と台湾は非常によく似ている。

東西冷戦時代は、東アジア地域の最大の脅威は極東ソ連軍だった。今その数は減ったとはいえ、兵員は8万人もいる。その時代、日本はソ連軍の太平洋進出を阻む砦のような存在であった。だが、現在は違う。日本は、中国により南西諸島部を狙われ、ロシアにより北方領土を含むオホーツク海が狙われている。この2正面作戦を乗り切るには、明らかに、自衛隊員数は足りていない。

演習中の中国軍。

周辺諸国との比較 [装備編]

～各国とも兵器の増強、近代化が進む～

左／カムチャツカ半島に配備されたロシアの新鋭潜水艦「ウラジミール・モノマーフ」。
右／中国国産のヘリコプター「WZ-10」。

東アジア全体を見てみると、各国とも保有する兵器の近代化・ハイテク化が進んでいる。

まず中国。艦艇約750隻（トータル178・7万t）、作戦機2850機を保有。国産の防空ミサイル艦である「蘭州」級（中国名052C型）や「昆明」級（中国名052D型）を多数配備している。この艦は、艦橋構造物にフェーズドアレイレーダーに似た固定式アンテナが設置されているのが特徴。すでに就役している空母「遼寧」の護衛として、蘭州級が一緒に行動している姿がたびたび目撃されている。2隻目となる新空母完成が間近であり、防空ミサイル艦もさらに建造されていくことが予想される。潜水艦も67隻保有。戦略核弾道ミサイル搭載原子力潜水艦から攻撃型原子力潜水艦、通常動力型潜水艦など種類は豊富だ。さらに空軍は、ロシアから購入した戦闘機と合わせて、J-10やJ-11、J-20といった国産戦闘機を配備している。また核攻撃機や電子戦機、偵察機などバリエーションも豊富なH-6爆撃機は120機近くを配備。こちらは、日本の

追尾できる特性を持つ。イージス艦などに搭載。

日本周辺における主な兵力の状況（概数）

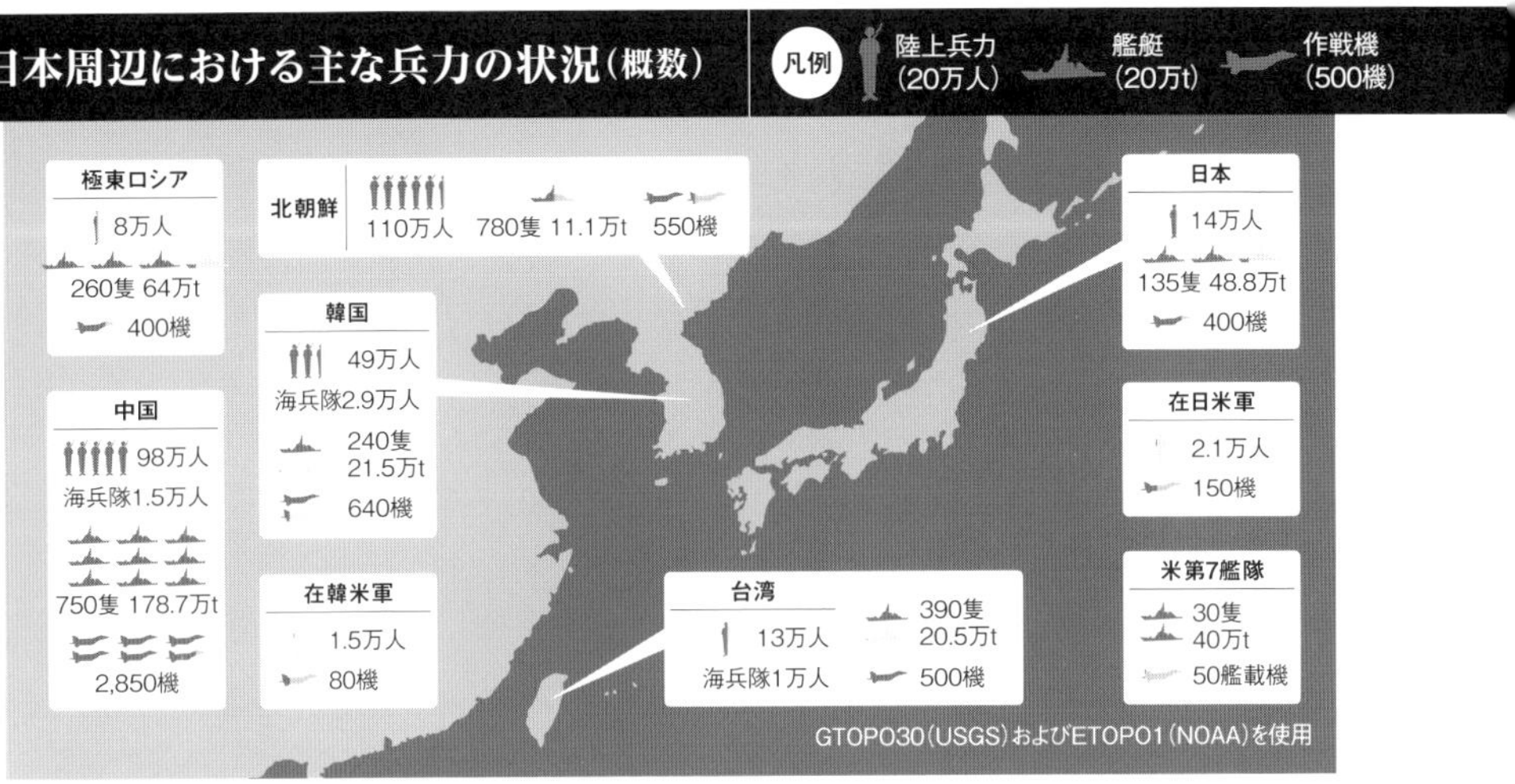

1／資料は、米国防省公表資料「ミリタリー・バランス（2018）」などによる。　2／日本については、平成29年度末における各自衛隊の実勢力を示し、作戦機数は空自の作戦機（輸送機を除く）および海自の作戦機(固定翼のみ)の合計である。　3／在日・在韓駐留米軍の陸上兵力は、陸軍および海兵隊の総数を示す。　4／作戦機については、海軍および海兵隊機を含む。　5／米第7艦隊については、日本およびグアムに前方展開している兵力を示す。　6／在日米軍及び米第7艦隊の作戦機数については戦闘機のみ。　出典：平成30年版防衛白書

領空付近にたびたび姿を現しており、その都度、航空自衛隊がスクランブル対処している。

極東ロシア軍の動きも活発だ。東西冷戦当時のソ連軍は、艦艇約800隻、作戦機約2200機を配備していた。当時に比べると、現在は艦艇260隻（64万t）、作戦機400機と、かなり縮小して見える。だが、カムチャツカ半島に配備されているSSBN（弾道ミサイル原潜）部隊の近代化を進めており、2010年代に入ると、ロシア海軍は新型のブラワーSLBM（潜水艦発射弾道ミサイル）を搭載する最新鋭の955型（ボレイ級）SSBNを2隻配備した。今後太平洋艦隊に4隻配備する計画で、サハリンの警備能力強化を図っている点も日本としては気がかりである。

北朝鮮は、2018年中に、南北首脳会談、米朝首脳会談を行い、核や弾道ミサイルの放棄を匂わせたが、結局何も変わっていない。艦艇780隻（11・1万t）、作戦機550機を配備しており、新しい艦艇や潜水艦を建造するなど、増強の手も止めていない。

Memo フェーズドアレイレーダー／レーダーを回転させることなく、高速に全方位をスキャンし、多数の目標を同時に

各国軍との共同訓練

米国を中心に、諸国と行う 数多くの訓練、その意味

自衛隊が主に参加した多国間共同訓練（2015年4月1日～2018年6月30日）

訓練名	時期（場所）	参加国	自衛隊参加部隊など
コブラ・ゴールド	2016.1～2（タイ）	日本、米国、タイ、インド、インドネシア、シンガポール、韓国、中国、マレーシア	統幕、陸幕、自衛艦隊、航空支援集団、中央即応集団、内局など
	2017.1～2（タイ）	日本、米国、タイ、シンガポール、インドネシア、韓国、マレーシア、中国、インド	統幕、陸幕、空幕、東北方面隊、中部方面隊、中央即応集団、自衛艦隊、航空支援集団、内局など
	2018.1～2（タイ）	日本、米国、タイ、シンガポール、インドネシア、韓国、マレーシア、中国、インド	統幕、陸幕、空幕、東北方面隊、中部方面隊、西部方面隊、中央即応集団、自衛艦隊、航空総隊、航空支援集団、内局など
多国間共同訓練（カーン・クエスト）	2015.6～7（モンゴル）	日本、米国など	人員/約40名
	2016.5～6（モンゴル）	日本、米国など	人員/約50名（オブザーバーを含む）
	2017.7～8（モンゴル）	日本、米国など	人員/約50名（オブザーバーを含む）
日米豪共同訓練（ノーザンレスキュー2015）	2015.8（北海道）	日本、米国、オーストラリア	北部方面隊　人員/約3,300名、車両/約300両
日米豪共同訓練（南海レスキュー2017）	2016.7（中部方面区）	日本、米国、オーストラリア	中部方面隊　人員/5,500名、車両/約700両、航空機 10機
リムパック（環太平洋合同演習）	2016.6～8（ハワイ周辺海空域、米国西海岸周辺海域）	日本、米国、インド、インドネシア、韓国、中国、フィリピン、マレーシア、オーストラリア、コロンビア、チリなど	艦艇/2隻、航空機/2機、西部方面隊など

出典：平成30年版防衛白書

る大型の爆撃機で、愛称は「ストラトフォートレス（成層圏の要塞）」。

朝鮮半島情勢の雲行きが怪しくなると、アメリカはたびたび爆撃機「B-1B」や「B-52H」などをグアムへ暫定配備する。これは、「いざとなれば、巡航ミサイルや精密爆弾などで、攻撃を仕掛けるぞ」というプレッシャーであり、さらに航空自衛隊と共同訓練をするなどして存在感をアピールし、後に写真も公表するという流れができた。

本来共同訓練とは、指揮系統・装備体系が異なる国同士が一緒に訓練することで、これまでとは違う方法を学び、自分たちの問題点や訓練方法を洗い出し、練度向上を目指すことに目的がある。これに最近は示威的な要素も加わってきたのである。

規模が大きいものとなると、20か国以上が参加する環太平洋合同演習「リムパック」がある。東西冷戦当時はこのリムパックでソ連を揺さぶってきたが、21世紀に入ると、中国とロシアは、「平和使命」という2か国間演習を実施し、逆に日米韓を驚愕させた。お互いに、訓練や演習を行うこと自体に意味を持たせる、これが

米空軍のB-1Bランサーが航空自衛隊のF-15MJsと米海兵隊のF-35Bsを誘導する。

Memo B-1Bは'80年代から運用されている超音速の爆撃機(最高時速マッハ1.25)。B-52Hは'60年代から使用されてい

上／米空母「ロナルド・レーガン」（手前）と「いずも」。2017年、南シナ海にて。左２点／日米合同練習にて。

21世紀型の軍隊の政治利用の形といえる。

自衛隊が創設され、その過渡期に行われた日米共同訓練の目的はシンプルだった。共同訓練を通じて、米軍から多くのことを学び、戦後一旦リセットしてしまった防衛力を復活させる必要があった。

１９８２年から続く歴史ある訓練が、陸自と米陸軍による「オリエントシールド」だ。また沖縄に駐留する米海兵隊とは、有事の際に備えて連携を強化するために、「フォレストライト」という共同訓練を行っている。

日本が米軍と共同訓練を行う根拠となっているのが日米安全保障条約だ。米軍以外の国と訓練するとなると、集団的自衛権の行使につながる可能性もあり、これまでは訓練してこなかったが、近年、その考え方を改めている（１９８０年から参加している「リムパック」については44ページ参照）。

２０１７年１月に日仏外務・防衛閣僚会合（２＋２）、続いて３月に日仏首脳会談が行われた。この席上、日仏共同訓練を実施することが決まった。さらに同年４

すみ」型輸送艦が揚陸艦に分類される。

月29日、佐世保基地にフランス海軍の揚陸艦「ミストラル」が入港。出港時、佐世保から陸自隊員及び米海兵隊員らも乗り込み、「ミストラル」艦内で一緒に生活するとともに、日米英仏の合同訓練を実施した。そして次の寄港地であるグアム・テニアン島にて、上陸演習を行った。'18年9月にはイギリス陸軍が来日、富士演習場にて日英共同訓練を行っている。

今後も、自衛隊は、米軍以外とも訓練を実施していくことになる。米軍だけに頼らない、新たな安全保障の構築に向けて動き出しているのだ。

Memo 揚陸艦／人員や物資を海岸から陸揚げする能力を持った艦艇のこと。日本ではホバークラフトを搭載した「おお

Column

01

密着!! 日米共同訓練

日本の島しょ部を守れ!
米海兵隊から学ぶ上陸訓練、その名は「鉄拳《アイアンフィスト》」

毎年1月から2月にかけ、米カリフォルニア州にあるキャンプ・ペンデルトン等において、
日米共同演習「アイアンフィスト」が行われている。

英語表記であるIron Fistの頭文字を取り「IF」と略す。日本語に翻訳すると「鉄拳」。勇ましい名前だ。

IFは、2006年から開始された。はるばるアメリカまで渡って実施する一番の目的は、
米海兵隊より水陸両用戦を学ぶことにある。

キャンプ・ペンデルトンには、第1海兵遠征軍(IMEF)が司令部を置いている。

多くの戦場で戦ってきた経験があるこの部隊以上の「先生」はいないといっても過言ではないだろう。

その世界最強の先生から教わる「生徒」が、西部方面普通科連隊、通称「西普連」(せいふれん)だ。

2002年3月27日、日本南西地域に2600個も存在する有人無人の島々を守るため創設された部隊である。

彼らは、日本版海兵隊となるべく、戦いのすべてをゼロから教わっていくことになった。


う「特科」(野戦・高射)や、戦車・偵察を任務とする「機甲科」など全部で15の職種がある。

年々進化していくＩＦ

21世紀に入り、中国海軍が台頭し、遂には尖閣諸島周辺をはじめとした日本領海を脅かす存在となった。２００２年の結成当時、沖縄本島以南には陸自部隊は常駐していなかった。西普連は、その防衛空白地帯を埋める存在として期待された。海自輸送艦に乗り、敵が上陸する前に、島しょ地域へと進出し、防衛警備体制を構築する、というのが主な戦い方だ。

通常、普通科連隊は約１０００名で構成されるが、西普連は約６６０名と少ない。連隊本部及び本部管理中隊と３個中隊という陣容だ。島から島へと渡り歩く戦術をとるため、装甲車の類は配備されていない。コンパクトさを追求した編成である。

第１回目となったＩＦ06は、とにかくゼロからのスタートとなった。装備を身に着けたまま泳ぐ着装泳やボート操法など、水陸両用戦の基本から学んでいった。第５回目となるＩＦ10までは、個人から小隊規模（30人程度）の戦技能力を向上させていった。

ひとつの転機となったのが、６回目となるＩＦ11だった。ここで、１個中隊（１００名程度）を基幹とした総合訓練へとレベルアップし、これまでの水路潜入（ボートによる上陸など）に加え、戦闘射撃、狙撃等の各種戦技を演練した

水陸両用車「AAV7」から砂浜に上陸する自衛隊と米兵。

Memo 普通科／陸自における職種の一つで、軍隊における歩兵科に相当。戦場において徒歩で行進する。他に火砲を扱

徒歩行進する西普連の隊員たち。上陸後は、山地を含めた機動展開を得意とする。

が、「水陸機動団」へと受け継がれる

のである。

訓練参加人員は130名〜180名と推移してきたが、IF12からIF15では一気に280名前後へと増えた。防衛省が、水陸両用車AAV7及びMV-22Bオスプレイの配備を決めたことに合わせ、米海兵隊のそれらを借りての訓練もスタートした。

IF16とIF18では、西普連主体の訓練から特科や施設科、通信科など、他部隊を含めた訓練に移行し、日本版海兵隊を創設するための拡大改編の予兆を見せていた。

こうして2018年3月、遂に水陸機動団が誕生。西普連に各部隊を抱き合わせていき、約2100名でのスタートとなった。将来的に

する各種軍事作戦を行う。現役将兵は約18万人。

米海軍のエアクッション型揚陸艇（ホバークラフトのこと）で海岸線を目指す。

「世界最強」の米海兵隊の技術と精神

は3000名にまで拡大する。

今後もIFは行われていく。西普連の名こそ消えたが、IFで培ってきた技術と精神は、脈々と受け継がれていくのだ。

市街地を想定した戦闘訓練施設、通称「キルタウン」。建物を模したコンテナが並ぶ。

Memo 米海兵隊（U.S.Marine Corps）／陸海空軍の全機能を備え、米軍の海外緊急展開部隊として、上陸戦を始めと

近隣諸国の兵器図鑑 ―戦車編―

China ― 中国 ―
99式戦車

2000年から生産が開始され、現在は約200両程度配備されていると思われる最新戦車。外観状の特徴は、砲塔正面に施された爆発反応装甲と複合装甲を組み合わせた増加装甲。陸自が10式戦車から導入したレーザー検知式アクティブ防護システムと同様のシステムを搭載している。対戦車ミサイルが発するレーザーを検知、戦車に向けて照射されると、自動でフレアー（欺瞞用の熱源）を撒き、回避動作を図る。配備部隊は限られており、北京軍区の第38集団と瀋陽軍区の第16集団、第39集団のみ。現在は、改良を加えた99A式戦車も誕生した。車両間情報システム（IVIS）を搭載し、ネットワーク化に成功。敵情報の共有など、モニターを介してリアルタイムで各戦車間でやりとりできるようになった。

Korea — 韓国 —

K2戦車「黒豹《フクピョ》」

2014年から配備が開始された戦車。これまで配備してきたK-1（105㎜砲）、K1A1（120㎜砲）の後継として開発され、黒豹（フクピョ）というニックネームが与えられている。'08年にソウルで行われた韓国軍創設記念日パレードにて、試作車が初お披露目された。しかし、その後、心臓部ともいうべきパワーパック（エンジンとトランスミッションが一体化した動力の要）に不具合が見つかった。この問題解決は思いのほか長引き、配備は遅れに遅れ、'14年に。開発当初は140㎜砲を搭載する案もあったが、大きすぎ、機動力を含めデメリットの方が多いため、結局各国の第3世代戦車と同じく、120㎜滑腔砲とした。

Russia — ロシア —

T-14アルマータ（オブイェークト148）

ソ連は、1975年頃に完成したT-80を最後に新しい戦車は作らず、その先代となるT-74を改造したT-90が長らく主力戦車となった。ソ連が崩壊してロシアへと変わり、T-95を新たに開発する計画もあったが、費用対効果が悪くとん挫した。そこで、考え出されたのが、新規開発する装軌式戦闘車や自走砲などと車体を共用し、ファミリー化を図ることで、コストを抑え大量生産を容易にするプランだ。そのプラットフォームは「アルマータ」と呼ばれ、アルマータ車体を採用した戦車「T-14」（ロシア名はオブイェークト148）が2014年から'15年の間に続々と量産された。初公開は'15年5月にモスクワで行われた戦勝記念日の軍事パレードであった。T-14の最大の特徴は自動装填装置を取り入れた無人砲塔。125㎜滑腔砲は1分間に10〜12発もの発射速度を誇る。戦車長、砲手、操縦手の3名は、車体前部にあるカプセル内で並んで作業を行う。最終的に2,300両近くを配備する計画となっている。

近隣諸国の

兵器図鑑

－大型艦編－

China — 中国 —

空母「遼寧」

中国海軍は覇権主義的海洋進出を目指し、大改革を実施中。その象徴となっているのが、空母「遼寧」だ。ソ連時代の1985年12月6日、ウクライナにある黒海造船工場にて空母「ワリヤーグ」の建造が開始された。しかし、'91年12月、ソ連が崩壊。これに伴いワリヤーグの工事はストップ、ウクライナはソ連から独立し、黒海造船所を接収してワリヤーグもそのままウクライナの物となった。だが、場所をとる上、建造を再開するお金もないウクライナは2,000万ドルで売却することを決定。'98年、マカオの中国系民間企業が「洋上カジノとして使う」という理由で購入した。だがそこは事務所すらも存在していない完全なるペーパーカンパニーで、案の定、曳航されたのはマカオではなく、大連の造船所であった。そして2005年、工事が再開。'11年8月3日、空母「遼寧」として完成した。艦載機として、国産戦闘機J-15を搭載しているが、同機を開発するにあたり、ウクライナからロシア製戦闘機Su-33の試作機を闇取引で購入しバラしてコピーした。着艦に必要なフックや機体拘束装置などは、ロシア人技術者を買収するなど闇ルートでノウハウを手に入れたという。さすがにロシアは怒り心頭で、知的財産権の侵害であると抗議している。とにかくいろいろと信じられない経緯を持つ空母と艦載機だ。

遼寧にはカタパルトはなく、艦載機はスキージャンプ式甲板から発進する。

Korea — 韓国 —

ドクト級揚陸艦

韓国海軍初の全通甲板型の揚陸艦で「独島（ドクト）」と命名された。日本固有の領土である竹島の韓国語読みで、2007年7月3日に就役した。日本でいえばひゅうが型とほぼ同サイズであるが、運用方法としてはおおすみ型輸送艦に近い。全通甲板を持ち、上陸用舟艇やエアクッション型揚陸艇が運用できることから米海軍の強襲揚陸艦と比較されることが多いが、固定翼機の運用は考えていない。'13年に、4基ある発電機の内1基から火災が発生。鎮火の際、誤って別の1基を浸水させてしまうというギャグマンガのような事故を発生させ、運用不能状態となっていたことがある。現在2番艦「馬羅道（マラド）」を建造中で、'20年就役予定だ。

遼寧の艦載機、国産戦闘機J-15。

近隣諸国の

兵器図鑑

―防空艦編―

Korea ― 韓国 ―

セジョンデワン級

韓国は、アメリカ、日本、スペイン、ノルウェーに次いで5番目のイージス艦保有国である。韓国初のイージス艦となった「セジョンデワン」は、2008年12月22日に就役した。李氏朝鮮時代の歴代の王の中で、韓国では“聖君”と最も尊敬されている人物だ。漢字では、「世宗大王」と書く。続いて、'10年8月31日には2番艦「ユルゴク・イ・イ」が、'12年8月30日には3番艦「ソエ・リュ・ソンニョン」がそれぞれ就役し3隻のイージス艦体制を構築した。ミサイルを垂直に撃ち出すミサイル発射基であるVLSを128セルも配備しており、1セルに1発ずつミサイルを格納できることから、単純に計算すれば、対空ミサイル等を最大128発も搭載できることになる（ちなみにこんごう型は90セル）。日米でお馴染みの対空ミサイルSM-2の他、韓国国産の艦対地攻撃ミサイル「天竜」、艦対潜ミサイル「紅鮫」を搭載する計画で、現在開発中だ。

China — 中国 —

052C型駆逐艦(蘭州級)

中国海軍は、1990年代に入り、大型駆逐艦の建造計画を推し進めていった。こうして建造されたのが052A型駆逐艦で、この052シリーズの防空能力を高めたバージョンとして052C型駆逐艦が建造された。052C型駆逐艦の1番艦は、2004年10月18日に就役し、名前は「蘭州」。1番艦の名前を取り、日本では「蘭州(ランジュウ)」級、NATOコードネームは「旅洋Ⅱ」型と呼ばれている。その姿に世界は驚いた。まるでイージス艦のように、艦橋構造物の四隅に、固定式のフェーズドアレイレーダーを取り付けていたからだ。HHQ-9A対空ミサイルをVLSから発射すると、高性能レーダーシステムで誘導する。外観だけでなく、運用方法などもイージス艦に似ていることから、"パクリイージス"とも呼ばれるようになる。'15年までの間に、トータル6隻が建造された。現在は、052D型(旅洋Ⅲ)である「昆明」級の建造がスタート。'19年までに13隻を建造する。トータル19隻の防空艦を保有しているのは東アジア地域にとって脅威であるのは間違いない。

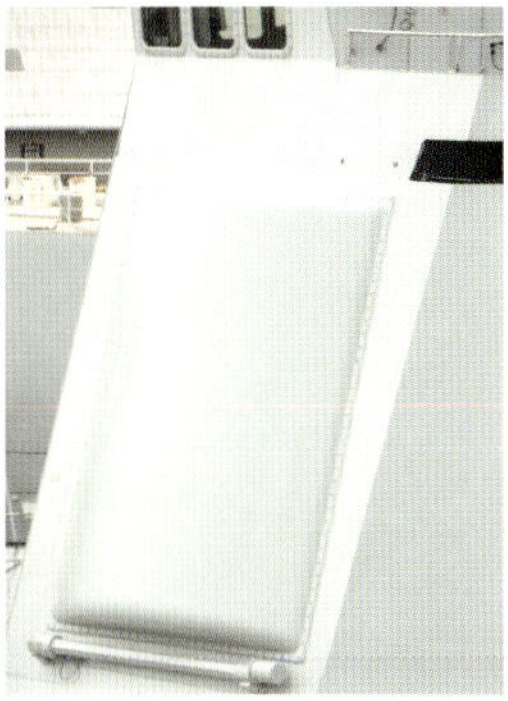

上/固定式のフェーズドアレイレーダー。左/主砲は100mm単装速射砲。

近隣諸国の

兵器図鑑

―戦闘機編―

USA ― アメリカ ―

F-22ラプター

アメリカがこれまでの制空戦闘機に代わり、航空支配戦闘機として配備を開始したステルス機「F-22ラプター」。「航空支配」とは、空を制すことで海や陸も支配することが可能である、という新しい戦術を意味する。1980年代後半、初期型のF-15イーグルの後継となる次世代戦闘機機を開発することになったとき、求められたのは「ステルス性」「スーパークルーズ（アフターバーナーを使用しないで音速を超える）」「STOL（短距離離着陸）」であった。ロッキード社とノースロップ社が次世代機を提案。選定を行った結果、ロッキード社のF-22が選ばれた。'91年から試作機を用いた訓練を行い、'96年から調達開始。2005年に米空軍で配備が開始された。初陣となった'06年の演習において、F-15やF-16など既存機と戦い、その結果、F-22は2機こそやられはしたが、延べ241機を撃墜するという驚異的な戦闘能力を見せつけた。

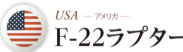

Korea — 韓国 —

F-15Kスラムイーグル

日本も配備するF-15イーグルをマルチロール化し、戦闘爆撃機とした最強バージョンが「F-15Eストライクイーグル」だ。1986年に初飛行に成功し、'89年から米空軍にて配備を開始した。韓国空軍は、老朽化していくF-4D/EファントムⅡの後継機種をF-15Eに決め、韓国バージョンであるF-15Kとして配備。運用する空対地ミサイルが「SLAM（スラム）-ER」であることからスラムイーグルといわれる。2005年10月より引き渡しを開始。最終的に60機体制とする計画だ。

China — 中国 —

J-20

中国が新たに開発した最新ステルス戦闘機。中国語では「殲撃20」と表記する。殲撃はジェンジーと発音し、戦闘機のことを殲撃機ということから、中国軍の戦闘機名はすべてJから始め、その後にモデルナンバーを付ける。2016年にチャイナエアーショーで一般公開され、'17年3月9日より配備が開始された。中国産のターボファンエンジンWS-15を2基搭載し、最大速度マッハ2.2で飛行するといわれている。対空・対艦・対地とマルチに戦え、ミサイルや爆弾はF-22やF-35のように機内に収容する。正式なリリースは出されていないため、詳細は今もって不明という謎多き戦闘機だ。

Column

02

ハワイで繰り広げられる世界最大級の軍事演習
環太平洋合同演習「リムパック」

Column 02

「リムパック」は、米ハワイ州オアフ島周辺海域等で、2年に一度実施されている世界最大規模の多国間軍事演習だ。

開始されたのは1971年。ソ連の太平洋進出を防ぐため、アメリカの呼びかけで集まったカナダやオーストラリア、ニュージーランド、イギリスによる合同演習として開始された。翌'72年も開催されたが、それ以降、2年に一度の周期で行うことに決まった。

日本が参加したのは'80年から。記念すべき第1回目の参加艦艇は護衛艦「ひえい」と「あまつかぜ」、それに8機の対潜哨戒機P-2Jだった。いずれの艦も航空機もす

「リムパック2018」では、大震災に見舞われた架空の「グリフォン国」を助けるというシナリオで、さまざまな演習が行われた。

「いせ」から発射される艦対空ミサイル「ESSM」。

べて退役しているところに時代を感じさせる。参加当初は、集団的自衛権の行使につながると、反対の声も多かった。しかし、魚雷発射も含めた対潜訓練、国内では撃てない対空ミサイルの実射訓練など、実戦的な訓練を是が非でも行いたい海自にとってリムパックへの参加は悲願だった。

以降、海自は、リムパックのレギュラーメンバーとなる。「リムパック88」では、「しらね」「あさかぜ」等8隻の護衛艦と補給艦「とわだ」、潜水艦「たけしお」の計10隻と、8機の対潜哨戒機P-3Cという規模にまで拡大。補給艦や潜水艦が名前を連ねた充実したラインナップとなった。その後、'90年、'92年、'94年、'96年と、10隻での参加が続いたが、'98年から徐々に隻数が減っていった。実任務及び訓練の増加などから、護衛艦を捻出することができなくなったのだ。

東西冷戦が終結すると、演習内容も地域紛争・テロ対処などに様変わりした。ニューヨーク同時多発テロが起きたのも転換点となった。また、東南アジアや南米からの参加国も加わるようにもなった。

2004年頃から、かつてのソ連を意識した大規模海戦へと演習

中国の江凱（ジャンカイ）級の護衛艦（フリゲート）「衡水」も登場。

装置を持つ。海自では固定翼機としてP-3CとP1、ヘリコプターとしてSH-60J、SH-60Kを配備している。

Column 02

内容が戻った。中国海軍の台頭が、環太平洋諸国の脅威となったからだ。

しかし、かつての「東西冷戦」のようなあからさまな対立姿勢は見せなかった。なんとリムパックに中国海軍を招待したのだ。これまで環太平洋諸国がこの演習を通じて築き上げてきた太平洋の安全保障の枠組みにあえて中国を加え、ルールを教え込む融和政策をとったのである。中国海軍はこの申し出を素直に受け、'14年、'16年のリムパックに艦艇を派遣して各種訓練を行った。

陸自も'14年から参加することになった。日本版海兵隊を目指していた「西部方面普通科連隊（西普連）」が、米海兵隊やその他の国の陸軍と共に着陸・上陸訓練や実弾射撃を行った。この部隊は、後に拡大改編され、'18年3月より「水陸機動団」として新たなスタートを切った。リムパックにて各国より学んだ戦術が生かされているのは間違いない。

米空母「カール・ビンソン」が参加。

直近では、'18年6月27日から8月2日まで「リムパック2018」が行われた。海自は護衛艦「いせ」1隻のみにP-3Cが参加、陸自からは水陸機動団と今回初となる第5地対艦ミサイル連隊が参加した。

一方、覇権主義的行動をエスカレートしていく中国は今回、遂にリムパックから縁を切られた。米政府が中国を招待しないことを正式に発表すると、怒り心頭の中国は、なんと情報収集艦をハワイへと送り、堂々とスパイ活動を行うという暴挙に出た。

皮肉にも、太平洋の脅威がどこの国であるか、自ら名乗り出た形になった。

Memo 対潜哨戒機／潜水艦の探知・攻撃を主な任務とする航空機。探知から攻撃までを単独で行える。また強力な通信

Spin Off

DOCUMENT 1

自衛隊海外派遣の歴史

パトロール中のイラク8次隊。軽装甲車機動車に興味を示し、近づく地元の子供たち。

米アーレイバーク級ミサイル駆逐艦への給油。インド洋派遣は2001年から2010年まで続いた。

国際社会とのかかわりの中で、
自衛隊は1990年代から、
海外派遣を始めている。
PKO活動、高い災害対処能力を
生かした国際緊急救助活動、
そして、戦場への派遣。
彼らの活動の一部を
資料と写真で紹介しよう。

Overseas dispatch of the SDF

1991
ペルシャ湾派遣

自衛隊初の海外派遣。各国海軍とともに掃海部隊が機雷を処分した。派遣後に、日本の国旗が入った記念切手が発行されるなど、クウェートの人々の日本への評価は大きく変わった。

海外派遣は、自衛隊にとって重要な任務のひとつだ。現在（2018年11月）もアフリカ・ソマリア沖で多発する海賊事案に対処するため、海自護衛艦や航空部隊を中心とした陸海部隊がジブチに展開中だ。

自衛隊が初めて日本国外で活動を行ったのは、1991年に行われたペルシャ湾派遣だった。湾岸戦争後、ペルシャ湾に撒かれた大量の機雷を処分するため、海上自衛隊の掃海部隊が派遣されることになった。こうなるに至ったのには、理由がある。

イラクが突如としてクウェートに武力侵攻したことに端を発した湾岸戦争に、各国は多国籍軍として部隊を送り、死力を尽くして戦った。しかし日本はさすがに戦場に自衛隊を送ることはできず、その代わりに130億ドルともいわれる巨額の資金を提供した。湾岸戦争では多くの血が流れ、結果的にイラクの撤退という形で終了し、クウェートに再び自由が訪れた。戦争後、クウェート政府や国際社会は日本の行動を評価しなかった。それだけでなく、日本は「金は出すけど血

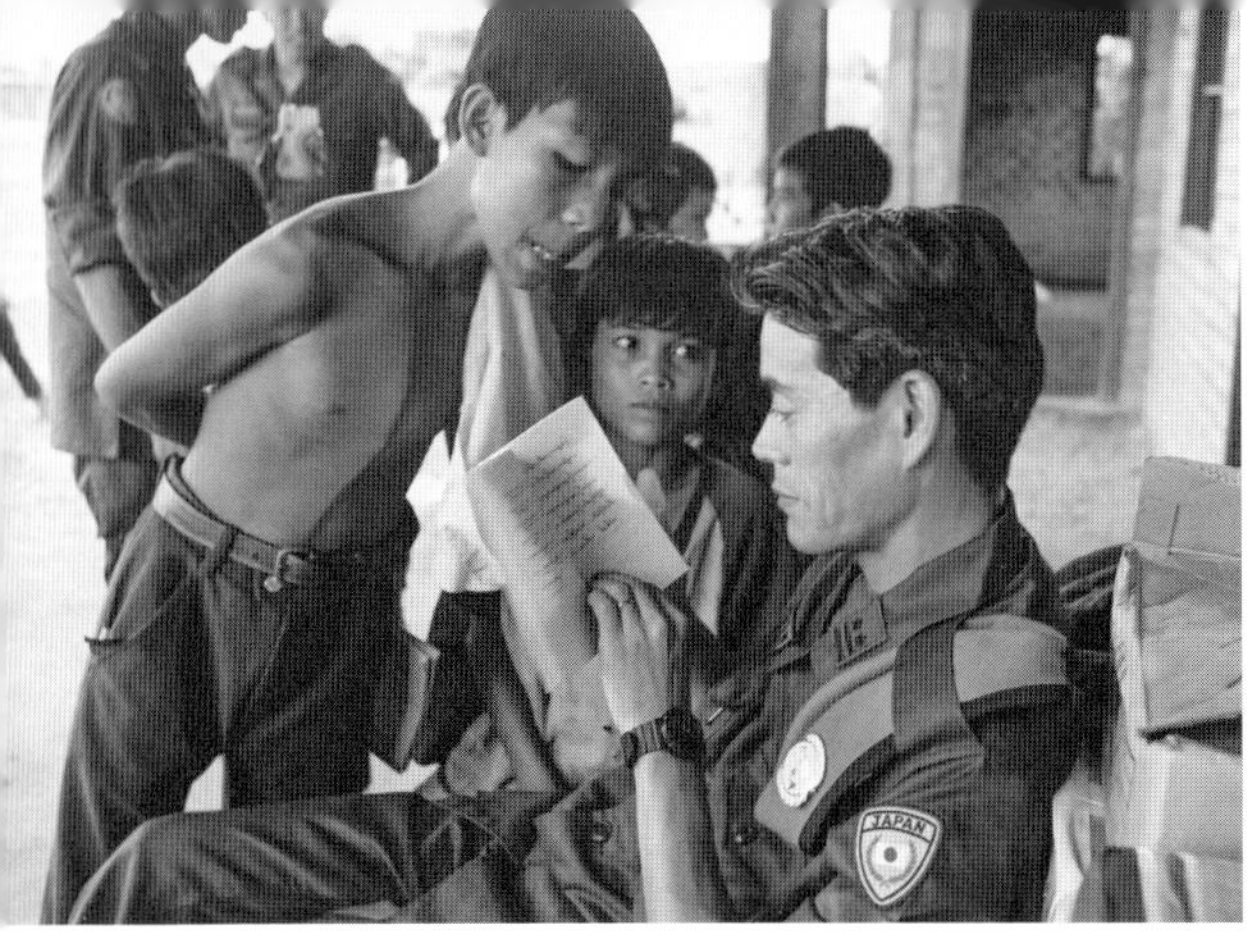

Overseas dispatch of the SDF

1992~93
カンボジアPKO

自衛隊初のPKO派遣。
海自輸送艦により陸自施設部隊をカンボジアへと派遣した。
ちなみに派遣中に参加国間で開催したレーション（戦闘糧食）コンテストで自衛隊の戦闘糧食II型が優勝している。

Overseas dispatch of the SDF

2003~08
イラク派遣

人道支援活動を行うための派遣。
後方地域限定とはいえ、自衛隊が初めて戦場へと送られた。陸自はサマワでインフラ整備等を行った。
海自は輸送艦で陸自車両等をクウェートへと運ぶ任務を行った。

は流さない」薄情な国というマイナスの印象すら与えた。そこで、苦肉の策として、海自掃海部隊が送られたのだ。

続いて国際社会が日本に求めたのは国際連合平和維持活動（ＰＫＯ）への参加であった。そして自衛隊初のＰＫＯ活動となったのが、'92年のカンボジア派遣だった。

隊員たちの派遣目的は、内戦で破壊された道路や建物の修復という平和的な活動だ。しかし、可能性は低いにしろ現地では、敵から攻撃される危険があった。そこであくまで自衛のため、武器や装甲車を持って行くことを決定したが、野党や反戦団体は許さなかった。この時より現在に至るまで、自

捜索作業のためで、潜水艦救難艦「ちはや」が任務にあたった。

Overseas dispatch of the SDF

2011~17
南スーダン派遣

アフリカの紛争地への派遣で、道路の補修等インフラ整備を実施。マスコミは「今までで最も危険な場所への派遣であった」と報道。日報問題など政治的な問題も重なり、2017年に終了した。

Overseas dispatch of the SDF

2001~10
インド洋派遣

海自は、インド洋及びアラビア海で任務に就く米海軍及び有志連合艦艇へと燃料を給油する任務を実施。国際的に評価された活動であった。

衛隊がＰＫＯとして海外へと派遣されるたびに、小銃だったら何丁までなら可、装甲車はダメ、といった不毛な議論をしなくてはならなくなっている。ちなみにこの時は拳銃と小銃のみが許可された。

さらに、自衛隊のずば抜けて高い災害対処能力を世界でも生かそうと、国際緊急援助活動も行うこととなった。'92年6月に「国際緊急援助隊の派遣に関する法律（国際緊急援助隊法）」の一部が改正され、自衛隊が国際緊急援助活動やそのための人員、器材などの輸送を行うことができるようになったのだ。

同法にもとづき最初に派遣されたのは、140万人を超える被災者と約6700人の死者を出した'98年に発生した南米ホンジュラスのハリケーン災害対処の派遣だ。

そしてとうとう、〝戦場〟へと自衛隊を送る日がやってきた。それがイラク派遣であり、インド洋派遣であった。

Memo 自衛隊はアメリカにも「災害派遣」に行ったことがある。ハワイ州オアフ島沖で起きた「えひめ丸」事故の遺体

● 自衛隊イラン派遣 イラン大地震
期間 2003年12月30日～2004年1月6日

● 自衛隊イラク派遣
期間 2004年1月16日～2008年12月

● 自衛隊タイ派遣 スマトラ島沖地震
期間 2004年12月28日～2005年1月1日

● 自衛隊インドネシア派遣 スマトラ島沖地震
期間 2005年1月12日～3月22日

● カムチャツカ州国際緊急援助活動 ロシア海軍潜水艦事故救援
期間 2005年8月5日～8月7日

● 自衛隊パキスタン派遣 パキスタン地震
期間 2005年10月11日～12月1日

● 自衛隊インドネシア派遣 ジャワ島南西沖地震
期間 2006年5月31日～6月13日

● 国際連合ネパール支援団（UNMIN）
期間 2007年～2011年1月

● 国際連合スーダン派遣団（UNMIS）
期間 2008年10月～2011年9月

10's

● 自衛隊ハイチ国際緊急援助活動 ハイチ地震
期間 2010年1月17日～2月13日

● 自衛隊ハイチPKO派遣 国際連合ハイチ安定化ミッション（MINUSTAH）
期間 2010年2月8日～2013年3月

● 自衛隊パキスタン派遣 洪水
期間 2010年8月19日～10月10日

● 国際連合東ティモール統合ミッション（UNMIT）
期間 2010年9月～2012年9月

● 自衛隊南スーダン派遣 国際連合南スーダン派遣団（UNMISS）
期間 2011年11月～2017年

現在も継続中

● 遺棄化学兵器処理
旧満州国地域において関東軍が遺棄したとされる化学兵器の発掘・回収・処理活動
期間 2000年～

● ソマリア沖海賊の対策部隊派遣
期間 2009年3月14日～（2009年3月13日に海上警備行動が発令）

年表　自衛隊の海外派遣実績

90s

● **自衛隊ペルシャ湾派遣**
期間 1991年6月5日～9月11日

● **自衛隊カンボジア派遣** 国際連合カンボジア暫定統治機構(UNTAC)
期間 1992年9月17日～1993年9月26日

● **国際連合モザンビーク活動**(ONUMOZ)
期間 1993年5月11日～1995年1月8日

● **自衛隊ルワンダ難民救援派遣**
期間 1994年9月21日～12月28日

● **自衛隊ゴラン高原派遣** 国際連合兵力引き離し監視軍(UNDOF)
期間 1996年2月1日～2013年1月15日

● **自衛隊ホンジュラス派遣** ハリケーンにおける災害
期間 1998年11月13日～12月9日

● **トルコ国際緊急援助活動に必要な物資輸送** トルコ北西部地震
期間 1999年9月23日～11月22日

● **東ティモール紛争** 難民救援等
期間 1999年11月～2000年2月

00s

● **アフガニスタン紛争** 難民救援等
期間 2001年10月

● **自衛隊インド派遣** インド西部地震
期間 2001年2月5日～11日

● **自衛隊インド洋派遣**
期間 2001年11月～2007年11月(旧法)
2008年1月 ～2010年 1月(新法)

● **自衛隊東ティモール派遣** 国際連合東ティモール暫定行政機構
期間 2002年2月(施設部隊は3月2日)～2004年6月27日
※国際連合東ティモール支援団(UNMISET)としては2002年5月20日～)

● **イラク戦争** 難民救援等(UNHCRのための救援物資の空輸)
期間 2003年3月～4月

● **イラク戦争** 難民救援等(ヨルダン－イタリア間の空輸)
期間 2003年7月17日～8月12日

※ 国際緊急救助隊、在外邦人輸送などで他にも行っている活動があります。

比べてみました！装備&兵器

第2章

「日本最大の軍艦と最新鋭艦、どっちが強い？」

「じゃあ戦車とF1カーは？」

「イージス・アショアは弾道ミサイルを弾ち落とせる？」

「自衛官と警官、給料はどっちがいいの？」

「特殊部隊ってどれだけあって、どこが凄いの？」

思わず熱くなる「どっちが○○」話。

最新の国防状況にも目も配りつつ、自衛隊のあれこれを、
時空&国境を超えた相手と徹底比較！

比べてみました！

装備＆兵器

其の一

戦艦「大和」vs.イージス艦どっちが強い？

それは…

お互い譲らず「引き分け」。

艦艇ファンの間でしばしば論争となるのが、戦艦「大和」とイージス艦「こんごう」が戦ったらどっちが強い？」というお題だ。両艦とも〝最強の軍艦〟の異名を持つことで日本人には知られている。

まずサイズだけを比べてみよう。大和は、全長263m、満載排水量約7万t、こんごうは全長161m、満載排水量約9500t。大和の圧倒的サイズに改めて驚かされる。

さて、実際に戦うことを、独自にシミュレーションしてみよう。現実問題として、この2隻が向かい合っ

るとおり大和からの砲弾が当たればひとたまりもないだろう。

●戦艦「大和」

て戦うことはないと思われる。こんごうのレーダーは100kmと近づかずして大和の存在に気が付くだろう。そこから対艦ミサイルを発射。最大積載しているとして、4発×2、計8発を大和に対して撃ち込んでいく。あれだけの巨体であれば、命中させるのは容易だ。

しかし大和は船体の重要な区画の装甲を厚くして防御する「バイタルパート」を取り入れている。ミサイルの攻撃を防ぐには充分すぎる盾といえる。

ミサイルを撃ち尽くしたこんごうが、仮に大和に対し、主砲攻撃に切り替えるべく近づいたとする。そうなれば大和の主砲から撃ち出される46cm砲弾は脅威だ。こんごう型の薄い船体に次々と撃ち込まれる46cm砲弾は、甚大な被害を及ぼすであろう。だから容易には近づけない。

●イージス艦

よって、結局、お互いの姿を見ることなく、引き分けとなる可能性が高いのである。最新鋭のイージス艦でも容易に勝てない存在。それが戦艦大和なのだ。

Memo 大和のバイタルパートは装甲の厚さが20〜40cm。こんごうの甲板の厚さは1cmに満たないともされる。本文にあ

比べてみました！

装備&兵器

其の二

「いずも」vs.太平洋戦争時の空母どちらが大きい？

それは…

大きさはほぼ一緒。ということは、「いずも」もいずれ空母に改修なるか!?

海上自衛隊史上最大の護衛艦である「いずも」型。その形状は艦橋構造物が右舷に寄せられ甲板が艦首から艦尾まで、まっすぐに繋がった全通甲板となっており、甲板を滑走路として航空機が離発着する航空母艦（空母）の特徴を持っている。これはいずも型の前に建造された「ひゅうが」型にも共通する特徴。だが「ひゅうが」の大きさが基準排水量1万3950t、満載排水量1万9000t（推定）、全長197m、全幅33mであるのに対し、いずもの大きさは、基準排水量1万9500t、満載排水量2万6000t（推定）、全長

甲板の耐熱化等の改修を行えば、防衛力強化の一環として空母化なるのでは!? と噂されている。

●いずも型

248m、全幅38mとさらに〝巨大化〟している。

防衛省は、かたくなにひゅうが型もいずも型も空母ではないと主張している。「固定翼機の運用を考えていない」というのがその理由だ。だが世界には、全通甲板を持ち、ヘリだけしか運用しない「ヘリ空母」という艦種も存在している。要するに、近隣諸国に配慮して、何が何でも「空母」という言葉だけは使いたくないのだ。

第二次世界大戦中の日本にもいずもとほぼ同じ大きさの空母があった。それが「飛龍」だ。満載排水量は約2万1000t（推定）、全長約227m、幅（飛行甲板部分）約27m。いずも型よりも若干小さい。

●空母「飛龍」

そんないずも型、実は最近、動きがある。空自が配備を進めているF-35A戦闘機を追加購入するにあたり、短距離離陸・垂直着陸が可能なF-35Bも含める可能性がある。これの意味するところはいずも型への搭載だ。

我々はそう遠くない未来に、空母いずもを目にする日が来るかもしれない。

Memo いずもとほぼ同じ長さの甲板を持つ米海兵隊の強襲揚陸艦「ワスプ」はF-35Bが離陸できる。つまりいずもも、

比べてみました！

装備&兵器

其の三

戦車 vs. F1カー 乗って〝快感〟なのはどっち？

それは…

戦車が勝てる要素は「パワー」のみ。

ある戦車乗りの方に、乗り心地を聞いたことがある。その答えは、「決していいとはいえないなぁ。ただ、あのダッシュ力とパワーを一度でも体験すると、スポーツカーなんか乗れないよ」

だった。この言葉がかなり印象深かったこともあり、その後、戦車を取材するたびに、他の隊員にも同じような質問をした。するとみな「あのパワーはスゴイ」と異口同音。中には「似たような車？ 姿形は工事用重機に近いものがあるけど、あのパワーに対抗できるの

ターボ。トルコ軍が新型エンジンに採用したいとオファーを出したことも。

はF1カーぐらいじゃないの？」との意見まで出た。

陸自戦車を見てみると、90式戦車で1500馬力、10式戦車で1200馬力と公表されている。ちなみに米陸軍のM1戦車は1500馬力、仏陸軍のルクレール戦車で1500馬力と、世界中の戦車はほぼ1500馬力程度とみて間違いないようだ。

●戦車（10式）

では公道最速の国産スポーツカーはどうだろう。各社だいたい280馬力程度のラインナップ。確かにスポーツカーでは戦車のパワーを超えることはできない。

ならば、F1カーはどうだろう。エンジンメーカーにより多少の差はある。そこで、メルセデスやフェラーリのパワーユニットを搭載している車両を調べてみると、約1000馬力もあった。少し戦車には近づいたものの、やはり戦車に軍配があがる。戦車乗りのいうことは正しかった。

戦車は平均50～60tもの自重がある。そんな鉄の塊がアクセルを吹かせた途端に、飛びあがる程の勢いで走り出すわけであるから、それはさぞ爽快だろう。ただし、90式戦車の最高時速は70kmしか出ない。戦車が優れているのは、パワーのみ、ということだ。

●F1カー

Photo by Ryan Bayona(CC BY 2.0)

Memo F1カーのエンジンは排気量1.6リットルのハイブリッドターボ。一方10式は水冷4サイクルV型8気筒ディーゼル

比べてみました！

装備&兵器

其の四

イージス・アショア vs. 弾道ミサイル 迎撃できる or できない？

それは…

イージス・アショアだけなら、3発以上発射されたら全発迎撃は難しいかも。

弾道ミサイルとは、弾道を描いて目標に飛んでいく地対地攻撃ミサイルのことだ。高速度のため迎撃が非常に難しく、10年前までは「撃たれたら最後」とまでいわれていた。

弾道ミサイルは、3段階を経て目標に到達する。まず、発射台から撃ち出され、そのまま大気圏へ突入するまでの「ブースト・フェイズ（上昇段階）」。宇宙空間を慣性飛行する「ミッドコース・フェイズ（中間段階）」。再度大気圏を抜けて、地上へと落下する「ターミナル・フェイズ（終末段階）」。このいずれかで迎撃すること

本での運用開始は'23年度になる見通しとのことだ。

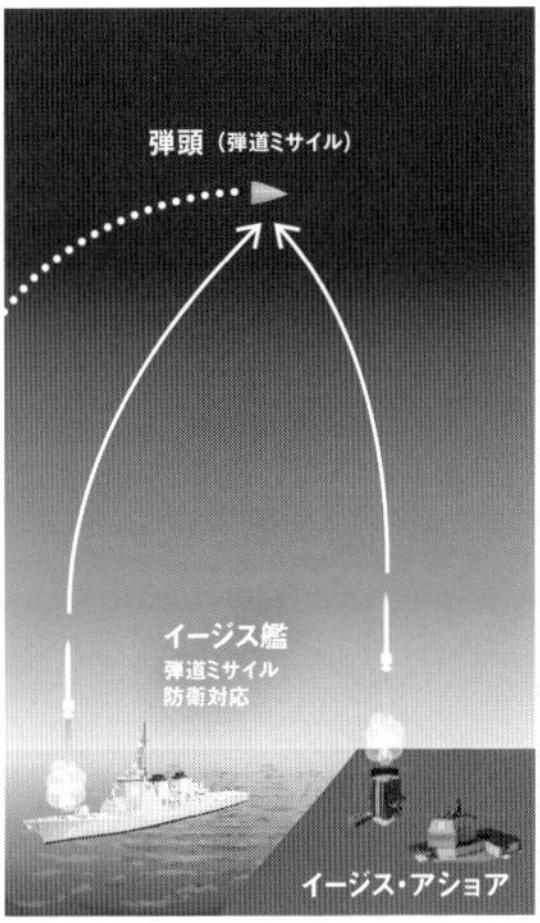

イージス艦＆イージス・アショアによる弾道ミサイル迎撃のイメージ。
出典：平成30年版防衛白書

を、弾道ミサイル防衛（ＢＭＤ：Ballistic Missile Defense)と呼ぶ。日米が今行おうとしているＢＭＤは、洋上に展開中のイージス艦より「ミッドコース・フェイズ」で迎撃する方法だ。

ただし、イージス艦は「フネ」であり、常に出港しているとは限らない。またドック入りしてしまうと数か月は戦力とならない。

そこで「イージス・アショア」が誕生した。これは、イージス艦のシステムをそのまま陸上に持ってくることで３６５日常時監視を可能とし、いつでも発射できる体制を維持できる。秋田県と山口県の2か所に配置することで、日本列島をフルカバーすることが可能だ。

これならばいつ発射されても、対処は可能。ただし、仮に北朝鮮から発射された場合、日本到達は10分未満。1発ずつ命中するまでしっかりとミサイルを誘導する必要があるため、3発以上同時発射されたら、イージス・アショアだけでは、すべての迎撃は至難の業といわれている……。

Memo イージス・アショアは現在ルーマニアに配備されており、2018年度末にはポーランドにも配備される予定。日

比べてみました！

装備＆兵器

其の五

オスプレイ vs. CH-47チヌーク どっちが使い易い？

それは…

航続距離＆スピードはオスプレイ！ でも、輸送量なら断然チヌーク！

陸上自衛隊が配備するヘリの中で最も大きいのが「CH-47チヌーク」。大きな機体を支える2発のローターが外観上の特徴だ。J型と、それを改良したJA型の2種類を配備している。また航空自衛隊でも、チヌークを運用している。

２０１９年度から、陸自輸送ヘリに新しいラインナップが加わる。「MV-22Bオスプレイ」だ。すでに在沖縄米軍等に配備され、反米・反基地運動の象徴となっている。日本国民にとって認知度の高い航空機だ。

オスプレイは、ローターを上に向けることでヘリコ

木更津（千葉県）と佐賀に配備が予定されている。

プターのように垂直上昇・下降ができ、前方に傾ければ固定翼のターボプロップ機として飛行もできる。固定翼機のスピードと航続距離、回転翼機ならではの小回りのよさにＶＳＴＯＬ（垂直／短距離発着）能力を併せ持つのが特徴だ。このように、ローターナセルを傾ける（ティルト）ことで飛行形態を変更する「ティルトローター機」という新しいジャンルとなった。

チヌークとオスプレイを比べると、航続距離が長く、スピードも速いのは間違いなくオスプレイだ。そこで、沖縄本島から直接南西諸島部へと輸送任務が行えるオスプレイは、配備前から島しょ防衛に大いに期待されている。

しかし、サイズが小さいのが難点……。オスプレイの機内の最大幅は１m80cm、機内高さが１m83cm。チヌークの機内最大幅は２m29cm、機内高さが１m98cm。ほぼ一回りほど小さいオスプレイでは、現在陸自が保有する車両は何一つ運ぶことができない。陸自では、任務によりチヌークとオスプレイを使い分けていくことになるだろう。

MV-22Bオスプレイ

DATA

乗員	4名
全長	17.48m
胴体幅（ローター含まず）	5.61m（格納時）
積載量	9070kg
輸送人員	24名
最大速度	約520km/h
航続距離	約3900km

CH-47チヌーク

DATA

乗員	3名
全長	30.1m
胴体幅（ローター含まず）	3.87m（J型）／4.8m（JA型）
積載量	10886kg
輸送人員	55名（最大）
最大速度	300km/h
航続距離	741km（J型）／約1000km（JA型）

Memo オスプレイは日本では現在、米軍の普天間基地（沖縄県）と横田基地（東京都）に配備されている。自衛隊では

比べてみました！

装備＆兵器

其の六

日本・アメリカ・中国の輸送機、性能はどこがベスト？

それは…

実績ならアメリカ、使いやすさなら日本、謎の多さなら（!?）中国！

輸送機は、前線で戦う部隊を支援するために、必要不可欠な装備だ。燃料や食料などを一度に大量に運び込む、あるいは人員や装備を積んで、直接戦場まで飛んでいき、空挺降下や物量降下といった方法で上空から落としたりする役割がある。

近代史にその名を遺す「ベルリン大空輸」は、輸送機が活躍した戦後最大のミッションだった。１９４８年6月24日、ソ連が西ベルリンに繋がるすべての道路を封鎖した。これにより食料はおろか、トイレットペーパーなどの生活必需品すらも入ってこない状況となっ

ネンボンバーが始まると、菓子業界から大量の寄付が来たそう。

た。これに対し、アメリカは開戦を考えるも、西ベルリン駐留部隊の戦力では、持ちこたえられても数時間という試算もあった。

ただ、ソ連は空路を封鎖しなかった。輸送機だけで西ベルリンに住む250万人近い市民を支援するなどできるはずはないと考えていたし、形だけでも西側へと恩を売り、今後の交渉を有利に進める腹積もりだったのだろう。

アメリカはイギリスなどの協力も得て、100機以上の輸送機をかき集め、大空輸作戦を実施した。着陸すると6分で物資を積み込み、3分ごとに離陸という驚異的なスピードで、空輸を毎日実施。パイロット個人も西ベルリン上空で、ハンカチに包んだお菓子を投下した。これを子供たちが「ロジーネンボンバー（レーズン爆撃機）」と喜び拾い集めた。戦後の日本でいう「ギブミーチョコレート」のようなもので、子供たちは輸送機を見ると、その姿を追いかけて走り回った。

戦争のある所に必ず輸送機がいる。むしろ、輸送機が姿を見せてないということは、敗北を意味するといってもいい。

アメリカ
C-17

DATA

全長 53m／全幅 51.8m／全高 16.8m	
最大積載量	77t
航続距離	9,815km（0t積載時）

マクドネルダグラス（現ボーイング）社が開発し、1991年に初飛行した米空軍の大型輸送機。米陸軍の主力戦車であるM1A1エイブラムスを1両や、攻撃ヘリAH-64アパッチを3機搭載できる能力がある。イラク戦争やアフガニスタン戦争など実戦での空輸作戦も経験している。

中国
Y-20

DATA

全長 47m／全幅 45m／全高 15m	
最大積載量	66t
航続距離	7,800km（0t積載時）

中国がひっそりと作り上げてきた輸送機で、2013年1月に初飛行したと突如中国軍が公表。2016年より配備が開始された。コスト削減を図るため、大型部品の一部を３Dプリンターで製造しているとも伝えられている。

日本
C-2

DATA

全長 43.9m／全幅 44.4m／全高 14.2m	
最大積載量	36t
航続距離	9,800km（0t積載時）

先代となるC-1よりも大型化、貨物室を広くした。これにより搭載量が増大。最大搭載量は32tにもなり、16式機動戦闘車や96式装輪装甲車など大型装甲車も1両のみではあるが運べるようになった。人員であれば1個中隊に当たる最大110名も搭乗できる。

Memo ベルリン大空輸は、1948年6月26日から翌年9月30日まで行われた。総空輸物資量は、230万tを超える。ロジー

Column

03

これも自衛隊の船!? かわいいイラストの「ナッチャンWorld」

統合運用化した自衛隊の作戦を遂行する上で欠かせない〝船〟がある。

それが、イカツイ軍艦……ではなく、かわいいイラストが描かれた独特の形をした「ナッチャンＷｏｒｌｄ」だ。

同船は、かつて青森と函館を往復していた高速フェリーだった。2つの船体を甲板でつないで、ひとつの船とする、双胴船という特徴を持つ。

なぜ1隻の大きなフネを造るのではなく、2つの船をつなぎ合わせているのか。そのほうが海水の抵抗が少なく、高速化、低燃費化も追求できるからだ。しかも甲板の面積を広く取ることができる。

道への「北方転地演習」、逆の移動の「南方転地演習」がある。

Column 03

苫小牧西港に停泊中の「ナッチャンWorld」。その後部ランプから乗り込むのは、第2戦車連隊の90式戦車。この時は、陸上自衛隊の協同転地演習で、北海道から九州・大分まで、洋上を移動した。

大きな船を造るより建造コストが安いのだ。

製造しているのは、オーストラリアのインキャット社だ。米軍は早くから目を付け、高速輸送船として使っていた（現在は退役している）。青函路線では「ナッチャンRera」（後に台湾へ売却）とナッチャンWorldの2隻を運行していたが、経営不振から2008年に定期便の就航を取りやめた。

そこに目をつけたのが自衛隊。米軍のように離島へと車両や人員を運ぶために運用しようとした。ただし、買取ではない。PFI法（民間資金等の活用による公共施設等の整備等の促進に関する法律）に基づき、防衛省が'25年まで借り上げる契約を結んでいる。

見た目も名前もチャーミングだが、仕事ぶりは力強く頼れる船となっている。

Memo 協同転地演習／南北に長い日本において、有事の際に素早く部隊を移動させるための演習。本州や九州から北海

比べてみました！

装備&兵器

其の七

自衛官と警察官どっちが高給取り？

それは…

警察官の方が若干高めだが、自衛官も「勝ち組」か!?

装備でも兵器でもないが、素朴な疑問を一つ。自衛官と警察官、どちらの給料が高いのか？　立ち向かう相手の規模は違えど、どちらも我々国民の生命と財産を守ってくれる頼もしい存在だ。

この話を進める前に、警察官の給与体系について説明しよう。警察官は勤務する警察本部で給料が違うのである。初任給で比べてみよう。

4万3566名の警察官で構成される警視庁の場合、大卒25万2100円、高卒21万2700円。約2万3000名の警察官がいる大阪府警の場合、大卒20万6000円、高卒…

422万円。平均年齢は46.0歳。給与額は、前年に比べて0.3%増加したそうである。

0円、高卒16万2000円。ちなみに警察官1438名と、規模でいうと小さな鳥取県警の場合、大卒21万9800円、高卒で17万6900円。このように、勤務先の違いによって、最初のお給料で、多くて5万円以上もの差が出るのだ（データは警視庁、大阪府警、鳥取県のHPより抜粋）。

そうなると自衛官の初任給も知りたい。自衛隊の場合は、大卒・高卒は関係なく、入隊の際に選んだコースと階級で差が出る。自衛官候補生（教育期間を終えると2等陸士となるコース）の場合13万8000円。安いようだが、3か月後には16万6500円へとアップする。この3か月は前期教育期間を意味する。つまり自衛官「見習い」ということで、安く設定されているのだ。一般大及び防大卒業後、幹部候補生として入隊した場合、22万2000円となる。大学院卒業後、同じく幹部候補生として入隊した場合、24万3100円となる。

次に年齢別平均年収で見てみよう。働き盛りの30代後半で比べてみる。自衛官は約500万円を超える（階級や手当により異なるため正確な数字が出せないため、あくまで平均値）。同年齢で比較した場合、諸説あるが警察官は、大卒（警部補相当）で約720万円、高卒（巡査長相当）で約650万円。

いずれにしても、自衛官と警察官は公務員であり、福利厚生は手厚い。生涯年収を考えると、中小企業よりも高くなるであろう。こと収入に関していえば、進路として自衛官や警察官を選んだ人たちは「勝ち組」といえるかもしれない……。

自衛官の俸給月額一覧

俸給月額（2016年4月1日より適用）

階級	最低俸給月額		最高俸給月額
2等陸・海・空士	166,500円	⬌	177,700円
1等陸・海・空士	181,300円	⬌	197,100円
陸・海・空士長	181,300円	⬌	241,700円
3等陸・海・空曹	196,700円	⬌	310,400円
2等陸・海・空曹	219,800円	⬌	380,300円
1等陸・海・空曹	228,400円	⬌	409,900円
陸・海・空曹長	228,600円	⬌	424,700円
准陸・海・空尉	235,100円	⬌	436,500円
3等陸・海・空尉	243,700円	⬌	439,000円
2等陸・海・空尉	251,700円	⬌	440,700円
1等陸・海・空尉	277,400円	⬌	445,500円
3等陸・海・空佐	317,700円	⬌	468,600円
2等陸・海・空佐	343,800円	⬌	488,300円
1等陸・海・空佐	395,200円	⬌	544,600円
陸・海・空将補	512,900円	⬌	895,000円
陸・海・空将	706,000円	⬌	1,175,000円

出典：『数字で見る！ 防衛省 自衛隊』

Memo ちなみに国税庁が発表した「平成28年分民間給与実態統計調査結果」によると、給与所得者の年間の平均給与は

比べてみました！

装備&兵器

其の八

自衛隊が採用する国産の「けん銃」陸海空の仕様の違いは？

それは…

違いは、銃身に刻印されたマークくらい。

自衛隊では、発足当初、米軍から供与されたコルト社のM1911を配備していた。通称「コルト・ガバメント」として知られ、世界中の軍や警察、民間等で使用されてきたベストセラーだ。

自衛隊での名称は「11・4㎜けん銃」だ。なお「拳銃」と漢字表記としていないのは、官公庁では常用漢字以外は使用できないルールがあるから。現在常用漢字は改訂され、拳も新常用漢字となっているが、今のところ自衛隊では昔のまま「けん銃」と表記している。

当時撃ったことがある人に聞くと、「グリップが大き

けん銃に比べ、確実に発射できるものの弾薬の再装填に時間がかかるなどのデメリットも。

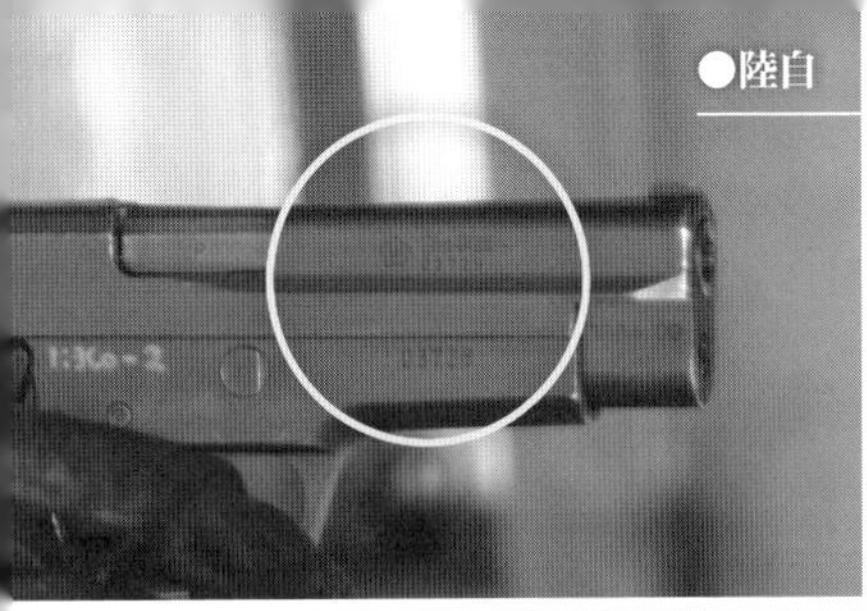
●陸自

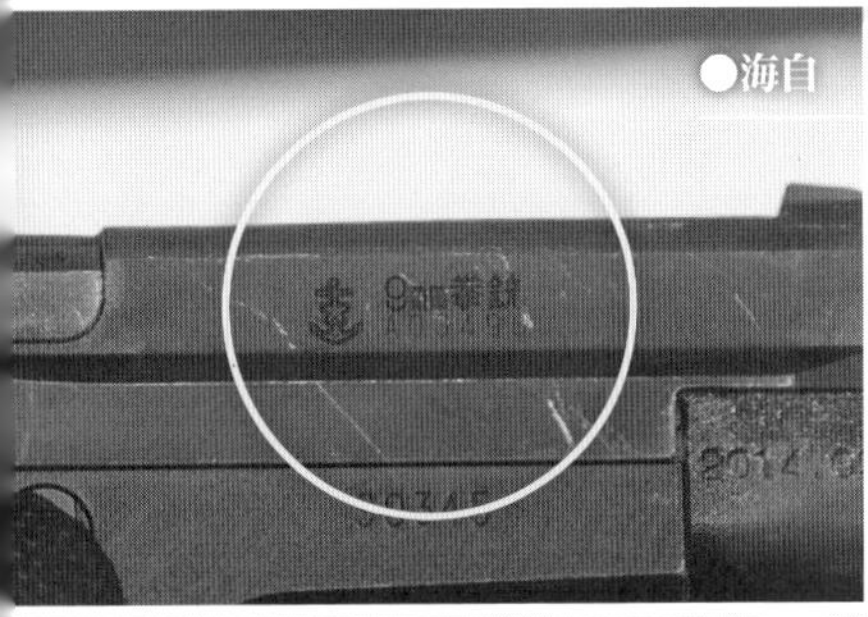
●海自

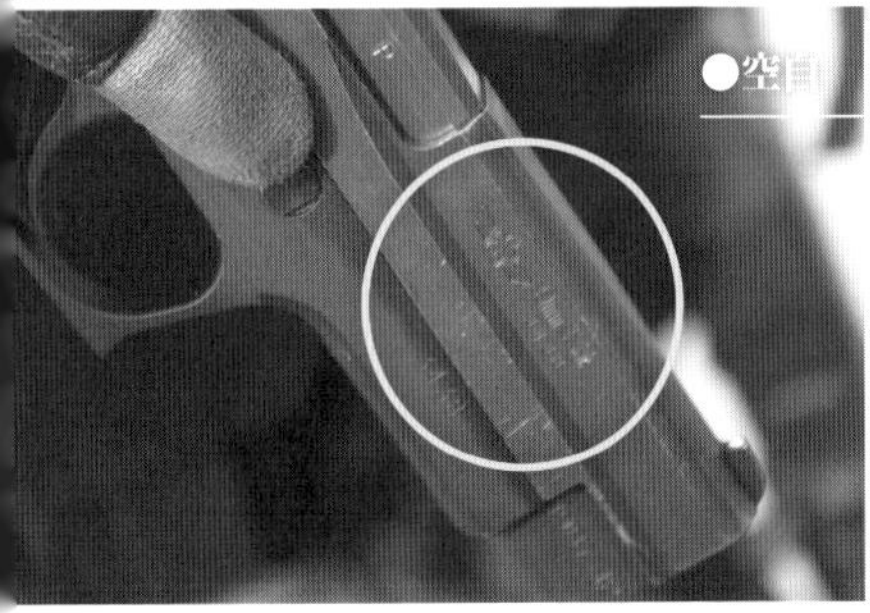
●空自

くて握りづらく、重かった」と話す。これには理由がある。自衛隊では、2000年に入るまで片手撃ちが基本スタイルだった。利き腕で銃を構え、体を横に開き、もう片方の腕を腰に当てる。当然、重くて大きな拳銃は扱いづらい。

'70年代に後継拳銃の選定に入り、1982年より配備が開始されたのがシグザウエル社（スイス）のP220。陸海空自衛隊に広く配備され、現在に至るまで主力の拳銃である。自衛隊での名称は「9㎜けん銃」だ。

9㎜けん銃は、ミネベアミツミ社がライセンス生産する「国産品」。同社は旧日本軍で銃器の開発を行った南部《なんぶ》麒次郎《きじろう》陸軍中将が興した会社「中央工業」をルーツに持つ。南部は日本初の自動拳銃である南部式を作った人物だ。もともと幹部が拳銃を持つ、という大前提があったが、今では、普通科隊員のサイドアーム（予備武器）としても携行されるようになった。拳銃の撃ち方も改革され、今では腰だめをして、両手で銃を包むように握って撃つスタイルとなった。

9㎜けん銃がもう40年以上使用されているのは、日本人にちょうどいいサイズであったことも大きい。今のところ後継となるけん銃は決まっていないので、まだしばらく、自衛隊の主力拳銃であり続けるだろう。

そして表題の「違い」。陸自は桜にW（Weapon＝武器の頭文字）、海自は桜と錨にW、そして空自は桜と翼にWが刻印されている。

Memo 制服警察が携行する拳銃は回転式弾倉の「リボルバー」と呼ばれるもの。「オートマチック」という仕組みの9㎜

比べてみました！

装備＆兵器

其の九

ＳＭＧ（サブマシンガン）、自衛隊と警察で種類が違うのはなぜ？

それは…

使用目的が違うから。警察は相手が逃走できなくなる箇所を撃つ。自衛隊は弾をばら撒いて相手を制圧！

自衛隊では、サブマシンガン（ＳＭＧ）として「９㎜機関けん銃」を配備している。自衛隊創設に伴い、米軍からＭ３サブマシンガンを供与され、「11・４㎜短機関銃」Ｍ３Ａ１として使用してきた。だが、野戦における小銃での戦闘を主たる戦術として掲げる自衛隊にとって長い間、ＳＭＧの必要性は低かった。しかし近年、近接戦闘や市街地戦闘、基地警備等の重要性が増すようになると、取り回しのしやすいＳＭＧが脚光を浴びる。こうして１９９９年より配備が開始されたのが９㎜機関けん銃だ。ミネベアミツミ社が開発・製造した純国

も威力のあるライフル弾などを使うことで、射程距離に大きな差が生まれる。

産ＳＭＧである。

一方、日本警察も、'90年代後半より、ＳＭＧの配備を考える。銃器を使用した凶悪犯罪の増加、国際テロリストの暗躍等、日本でも犯人検挙の手段として銃撃戦の可能性を考えなければならなくなったからだ。そこで、まずは特殊部隊であるＳＡＴ、そして準特殊部隊である銃器対策部隊向けにＳＭＧの選定に入る。選ばれたのが、ドイツのＨ＆Ｋ（ヘッケラー＆コッホ社）の「ＭＰ５」であった。ＭＰ５は、世界中の軍や警察で使用されているＳＭＧだ。バリエーションが豊富で、取り回しもしやすく、特殊部隊も多くが使用している。日本警察はＭＰ５Ｆを機関けん銃という呼び名で配備している。またＳＡＴでは、ＭＰ５Ｋなど、いくつかのバリエーションが存在している。

両ＳＭＧを比べてみる。９㎜機関けん銃は全長339㎜、重さ2・8㎏、装弾数25発。ＭＰ５は全長550㎜、重さ3・08㎏、必要とする装弾数に応じたマガジンが選べて、最大32発。９㎜機関けん銃のサイズや重さは、開発時の参考にしたイスラエル製ＳＭＧの「ＵＺＩ」に近い。

日本警察が純国産の９㎜機関けん銃を採用しなかったのは、カスタマイズが難しいから。フラッシュライトやダットサイトなど、近接戦闘に有利なアイテムが装着できない。日本警察の場合、いくら凶悪犯であろうと、逮捕を優先する。そこで、足や腰骨など、できる限り「死に至る傷を負わせず、逃走ができなくなる箇所」を狙いたい。一方、自衛隊の場合は、ピンポイントで狙うというよりも、弾をばら撒いて、制圧する方法を取る。相手を〝生かす〟か〝殺す〟か、この大きな違いがあるので、共有できなかったのだ。

●ＭＰ５（警察）

●９㎜機関けん銃（自衛隊）

Memo SMGと小銃はいずれも個人で携行、射撃できる銃で、最大の違いは使う弾。SMGは拳銃弾、小銃は拳銃弾より

比べてみました！

装備＆兵器

其の十

自衛隊の主力小銃「89式」、各国軍採用の小銃との性能差は？

それは…

89式が日本以外で流通しておらず、撃ち比べた人が少なすぎるため、比較不能！

現在、陸上自衛隊の主力小銃となっているのが、その名の通り1989年に制式化された「89式小銃」だ。国産初の自動小銃となった「64式小銃」の後継だが、総入れ替え方式ではなく、まずは第一線戦闘部隊から入れ替えていき、徐々に数を揃える方式となっているため、いまだに一部後方部隊や教育部隊、海自・空自では64式小銃が使われている。

両小銃とも、国内メーカーである豊和工業が開発・製造している。大きな違いは、64式小銃が口径7・62㎜であるのに対し、89式小銃は5・56㎜とした点だ。

らリリースされている。89式を実際に撃った人たちは扱いやすさを口にすることが多い。

この5・56㎜という口径、いわゆる「西側諸国」のスタンダードだ。

米陸軍が'94年より配備している「M4」も5・56㎜。このM4、かなり完成度が高い小銃で、世界各国の軍隊で使用されている。現状では、小銃界の最高峰といってもいいだろう。陸自の特殊作戦群も極秘裏に購入し、使用しているという話もある。

西太平洋の重鎮であり、最近日本と防衛協力体制が深化しているオーストラリア。この国では、「ステアーAUG」というオーストリア製の小銃を使用している。この銃は、作動機構を引き金よりも後方に持ってくる「プルパップ方式」を採用している。この方式の利点は、銃身を短くして飛距離と命中率を犠牲にすることなく、銃本体を小型化できることだ。銃本体にプラスチックパーツを多用している点もユニークだ。ただし見た目とは裏腹に、軽量化には成功していないのが難点。採用国は多く、国によっては、特殊部隊も使用している。

M4やステアーAUGという名作小銃と89式小銃を比べてみたいところだが、日本以外では流通していないガラパゴス化した89式小銃では、残念ながら比較対象にならない……。

DATA **89式小銃**

口径	5.56㎜
全長	916㎜
重量	3,500g
弾倉	20発／30発
発射速度	650～850発／分

DATA **M4**

口径	5.56㎜
全長	850.9㎜
重量	2,680g
弾倉	20発／30発
発射速度	700～900発／分

DATA **ステアーAUG**

口径	5.56㎜
全長	790㎜
重量	3,600g
弾倉	30発/42発
発射速度	680～850発/分

Memo M4はオリジナルはコルト社が製造。「クローンモデル」と呼ばれる同系統の小銃がH&Kをはじめ各国、各社か

比べてみました！

装備&兵器

其の十一

日本の特殊部隊 それぞれどんな特徴が？

それは…

自衛隊は「軍事系」、警察&海保は「治安系」 いずれも〝S〟の頭文字がつく精鋭集団！

ご存じの方も多いだろうが、自衛隊は特殊部隊を有している。日本語で〝特殊〟、英語で〝Special〟と冠している ように、一般部隊とは異なる部隊のことを呼ぶ。「異なるもの」とは、遂行すべき任務と編成を指す。

特殊部隊を大きく分けると「軍事系」と「治安系」の2系統に分類できる。日本でこれを当てはめると、軍事系特殊部隊は、陸自の特殊作戦群、海自の特別警備隊SBU、治安系特殊部隊は、警察の特殊急襲部隊SAT、海上保安庁の特殊警備隊SSTとなる。

ここではこれら日本の特殊部隊を比べて見てみよう。

認めていない)、米海軍のSEALs、英陸軍のSASなどが有名。

いまだ謎に包まれた陸自の精鋭中の精鋭

特殊作戦群

特殊作戦群は、2004年3月27日に発足した。英語表記はSpecial Forces Groupとし、頭文字を取り、SFGpと略す。

1989年のマルタ会談を経て東西冷戦が終結し、世界は民族間対立に端を発した地域紛争や対テロ戦争という新しい時代へと突入した。

日本も新たな脅威に立ち向かうため、'90年代に入るとすぐに、特殊部隊を創設すべく研究が行われた。そして'99年頃、第1空挺団内に特殊作戦群編成準備室が立ち上がる。そして「精鋭無比」と称される第1空挺団の中から優秀な者をピックアップし、徐々に部隊の形を整えていった。この準備期間、彼らの存在は極秘扱いとなっており「S（エス）」と隠語で呼ばれていた。

'04年の特殊作戦群の隊旗授与式（発足式）は、マスコミをシャットアウトして行われた。習志野駐屯地内の体育館で、石破茂防衛庁長官（当時）より初代群長が隊旗を受け取った。

特殊作戦群長は1佐の者が務め、群本部、本部管理中隊、そして中核となる3個特殊作戦中隊（各中隊長は3佐）計約300名という構成となっている。デルタフォースが3個中隊編成であることを参考にしたのだろう。

今では略して「特戦群（とくせんぐん）」と呼ばれているが、Sの隠語はまだ生きており、情報がオープンになることはほぼない。

その姿が初めて公開されたのが、発足から3年たった'07年3月31日に行われた中央即応集団の編成完結式でのこと。初代中央即応集団司令官を前にして、居並ぶ各部隊の中に、顔をバラクラバと呼ばれる黒覆面で隠すという異様な姿で参列していた。

'18年度より、中央即応集団は陸上総隊へと拡大改編された。よって、現在の特殊作戦群は、陸上総隊直轄部隊という位置付けと変わった。

Memo 世界各国の軍でも特殊部隊は数多く存在する。米陸軍グリーンベレー、同デルタフォース（政府は公式に存在を

米海軍SEALsを参考にした海自の特殊部隊

特別警備隊SBU（Special Boarding Unit）

海上自衛隊初の特殊部隊となる特別警備隊SBUは2001年に創設された。自衛艦隊直轄部隊であり、ベースとしているのは、海自幹部候補生学校のある江田島（広島県）基地である。

創設の契機となったのは、1999年に発生した能登半島沖不審船事件だ。諸外国では、このような場合、停船させて直接乗り込んでいく「臨検」を行うため、海軍に特殊部隊を編成している。だが当時の海上自衛隊にはそのような部隊はなく、防衛庁創設以来初めてとなる海上警備行動まで発令したにもかかわらず、取り逃がすという最悪の結果となってしまった。

そこで海自は、米海軍特殊部隊SEALsを参考にした特殊部隊を作ることを決めた。さらに英海軍特殊舟艇部隊SBSに研修するなどの実績も重ねた。

主たる任務は、不審船への移乗強襲だ。ヘリからファストロープにて降下したり、護衛艦から高速複合艇RHIBにて接近したりして、不審船へと乗り込んで制圧すること。航空機で現場海面へと進出し、パラシュート降下するケースも考えられることから、第1空挺団にて空挺降下訓練も行っている。特殊作戦群との交流もあり、一緒にUH-60JAヘリコプターからファストロープ降下訓練をしている写真が公開されたこともある。

創設から長らく秘密のベールに包まれていたが、'07年に突如報道機関に対し、SBUによる訓練が公開された。その際、保有する武器については、89式小銃や9mmけん銃、P226Rなどが確認できている。部隊は、1等海佐が務める隊長以下約70名と少数精鋭部隊となっているのが特徴。1個小隊は18名となっており、全部で4個小隊編成だ。うち1個小隊は教育専門部隊としている。また医官（自衛隊の医者）や救急救命士の資格を持つ隊員も含まれている。

SBUに入るには、第1術科学校（広島県江田島）にて、特別警備課程を受ける必要がある。約36週間にわたる基礎課程を受け、引き続き、1年3か月の応用課程へと進み、合格した者にコウモリをモチーフとした特別警備隊徽章が授与され、SBU隊員となることができる。

抽出されたプルトニウムを日本に持ち帰ることになった。プルトニウムは核兵器に転用可能。そこでテロリストに強奪されないよう、輸送に使われる「あかつき丸」の護衛を海保が行うことになり「輸送船警乗隊」が新編された。同部隊は、ほとんど関西国際空港海上警備隊のメンバーで構成されていた。場合によっては、テロリストと戦わねばならないという任務の特殊性から、米海軍特殊部隊SEALsに指導を依頼。快諾はしてくれたものの、アメリカに来るのが条件であり、海保側としては時間的にも予算的にもそれは難しかった。そこで、日本財団がお金を出し、SEALｓ隊員数名を講師として日本に招聘するという奇策がとられ、海上自衛隊大湊基地にて訓練が行われた。

'96年に関西国際空港海上警備隊と輸送船警乗隊が統合され、SSTとなった。拠点としているのは、大阪特殊警備基地である。基地長は二等海上保安監が務め、総括現場指揮は一等海上保安正が務める。第1～7特殊警備隊と全部で7個隊あり、1個隊あたり8名、総員は約60名といわれている。

を養殖し、販売しているとのこと。部隊章があれば欲しかった!!

テロ対処のため創設された警察の特殊部隊

特殊急襲部隊SAT（Special Assault Team）

日本警察を代表する治安系対テロ特殊部隊がSAT（Special Assault Team）だ。

設立のきっかけとなったのは、1972年9月5日、ミュンヘンオリンピック開催中にパレスチナ武装組織「黒い九月」が、イスラエル選手団を人質に立てこもった「黒い九月事件」といわれている。同年には日本でも「あさま山荘事件」が発生し、人質立てこもり事件の解決の難しさを痛感。いよいよ特殊部隊創設に向けて大きく動き出した'77年に日本赤軍による日航機ハイジャック事件（ダッカ事件）が発生した。日本は有効な対抗手段を持っていなかったため、結局犯人グループの要求をすべて呑んで解決するという最悪の事態を招いた。その対応は世界からも非難された。

同時期、ドイツではルフトハンザ航空機がPFLPにハイジャックされる事件が発生したが、「黒い九月」事件を機に創設されたドイツ国境警備隊の特殊部隊GSG-9が解決した。日本ではこのGSG-9を参考に、警視庁第六機動隊内に「特科中隊」として、大阪府警機動隊には「零中隊」として、SATの前身となるSAP（Special Armed Police）が誕生した。'79年に発生した「三菱銀行北畠支店占拠事件」では、早速、大阪府警の零中隊が出動。

日本国民が、初めてSATの姿を見ることになったのが、'95年に函館空港で発生した「全日空857便ハイジャック事件」である。警察庁は長らく、SATを「公然の秘密」として取扱い、その存在を否定も肯定もしなかった。しかしこの事件で、彼らの姿がTVカメラに捉えられたことを理由に、'96年5月8日、SATとして正式にスタート、公表された。

これに伴い、警視庁では警備部警備一課直轄部隊とし、大阪府警でも警備課直轄部隊とした。その他、北海道警、千葉県警、神奈川県警、愛知県警、福岡県警にもSATを新編。トータル200名体制となる。

2002年に日韓共催でサッカーW杯が開催されることになり、国際テロ対策の抑止力の一環として、警察庁は初めてSATの訓練を公開した。'05年には全国8番目となるSATが沖縄県警に新編されている。

海上でのテロ対策に特化した海保の精鋭

特殊警備隊SST（Special Security Team）

海上保安庁のSSTが創設されたきっかけは関西国際空港の開港だった。人工島の上にある海上空港であるため、海上保安庁以外に対応できる機関がなく、海上テロ対策部隊として1985年、前身の部隊となる「関西国際空港海上警備隊」が新編されたのだ。

'92年、使用済み核燃料をヨーロッパで再処理し、

Memo 筆者が驚いた特殊部隊（？）が、ベトナム海軍の「エビ養殖部隊」。指揮官は大佐が務めており、文字通りエビ

Column

04

稲妻、雷、武警、ブラックベレー…

アジア諸国の特殊部隊、その実態

日本の周辺国にも特殊部隊や情報機関、特殊工作機関は数多く存在している。

まず北朝鮮。ここは陸海空軍のみならず、さまざまな組織・官庁が部隊を運用しており、実態把握は難しいが、韓国の国防白書によれば特殊部隊だけで20万人いると分析されている。いわゆる特殊部隊に当たるのが、現第11軍団（旧第8特殊軍団）。現在、3個軽歩兵旅団からなるポンゲ（稲妻）部隊、3個狙撃旅団、2個海軍狙撃旅団、3個空軍狙撃旅団からなるピョラク（雷）部隊、3個航空陸戦からなるウレ（これも「雷」）部隊と、大きく分けて3つの部隊で構成されている。

右／韓国特殊部隊。左上／北朝鮮の潜水艦。この潜水艦で韓国に侵入しようとした工作員が見つかり、銃撃戦となった事件があった。左下／中国の特警。

これに対し、韓国は「特殊作戦司令部」を編成している。通称「特戦司（トクチョンサ）」と呼ばれ、黒いベレー帽を被っていることから「ブラックベレー」というニックネームを持つ。司令部を置いているのは、京畿道城南。部隊編成は、司令部の下に、第1、第3、第7、第9、第11、第13の6個の特殊作戦旅団、特殊戦訓練群、第707特殊任務大隊、国際平和支援団で構成され、人員4万人が所属している。

　中国でも、陸海空軍の各機関に特殊部隊が編成されている。一番規模が大きいのが陸軍だ。近年まで中国は全土を7つの大軍区に分けており、各軍区には特殊部隊が1個以上配置されていた。

　2016年、7つの軍区は5つの戦区へと整理縮小された。戦区には、中華人民共和国公安部の実行部隊である人民武装警察部隊も統合された。その人民武装警察にも特殊部隊が存在している。対テロ、あるいは凶悪犯罪に対処するための部隊で、精鋭が揃っているとされる。

第3章

なんでも勝手にランキング

「一番任期の長かった防衛大臣は……」

「議論を呼んだ〝日報〟。読んでみたら……」

「かつてあったモノ凄い災害派遣は……」

「怖かった駐屯地&基地は……」

「自衛隊ご飯、美味しいのは……」

ランキング形式にして紹介する、自衛隊にまつわる森羅万象。

「実はね」と人に教えたくなる、豆知識が満載です！

防衛大臣、在任期間の長さ BEST 3

1 小野寺五典《いつのり》 （約2年11か月）

2 北澤俊美《としみ》 （約2年）

3 中谷 元《なかたに げん》 （約1年8か月）

タフなポストだけに就いた人物も多士済々

防衛省のトップを務める防衛大臣。日本国憲法66条に「内閣総理大臣と国務大臣は、文民でなければならない」と明記されているように、文民統制の考えから、自衛官がなることはない。軍部と政治が一つとなった増原惠吉も3期（26、29、30代）務めたが、うち2回は引責辞任している。

point

国民からも注目度の高いポストであり、知名度の高い人物が揃う。中でも「有名どころ」の小池百合子氏は約1か月半、石破茂氏は約11か月、田中直紀氏（10代）は約5か月、稲田朋美氏（15代）は約1年と、比較的任期は短い。ちなみに87ページ下の写真で紹介した上半身裸の自衛隊員たちは、精鋭無比を誇る第1空挺団員。新年の「降下訓練始め」で訓示を垂れる防衛大臣を、同じ出身地の隊員たちが神輿に担いで「新年会」に突入するという慣習がある。

第二次世界大戦の二の舞を避けるためである。

2007年に防衛省が発足し、初代防衛大臣となったのは自由民主党の久間《きゅうま》章生《ふみお》氏だ。彼は最後の防衛庁長官でもある。ちなみに靖国通り沿いにある正門に掲げられている「防衛省」の看板は、久間氏によって書かれたものだ。

2代目となったのは、現在（'18年11月）の東京都知事である小池百合子氏だ。防衛庁時代を含め、女性がトップとなったのは、これが初のケースである。

4代目となったのが自由民主党の重鎮、石破《いしば》茂氏だ。彼は防衛庁長官（68・69代）も2期経験している。14代目を務めた中谷元氏も同じく防衛庁長官を経験している。

中谷氏は、防衛大学校を卒業し、陸上自衛隊に幹部として入隊。第20普通科連隊の小隊長等を経験し、2尉で退官している。

小野寺五典氏は、宮城6区選出の衆議院議員。

現職の自衛官は国務大臣にはなれないが、元自衛官ならば問題はない。11代防衛大臣を務めた森本敏《さとし》氏も元航空自衛官だ。彼は任命された時点で政治家ではなく、初の民間人による防衛大臣となったことでも注目を集めた。

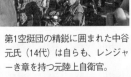

防衛大臣として、一番任期が長かったのは小野寺五典氏で、12、17、18代と3期、約3年の任期を務めた。複数期にわたって防衛大臣を務めたのは、小野寺氏と北澤俊美氏（7、8代）しかいない。

稲田朋美氏（15代）は「自衛隊日報問題」で引責辞任を余儀なくされた。

森本 敏氏（11代）は、元航空自衛官。初の民間人の防衛大臣となった。

第1空挺団の精鋭に囲まれた中谷元氏（14代）は自らも、レンジャーき章を持つ元陸上自衛官。

Memo 防衛庁長官は全部で73代。中曽根康弘氏（25代）ら首相経験者も。自衛隊の前身、警察予備隊の本部長官を務め

これは文学か!? 日報読み応え度 BEST 3

1 イラクの夜（バスラ日誌 2006年4月5日）

2 英国淑女の鷹狩り（バグダッド日誌 2005年10月26日）

3 鉄の団結（バグダッド日誌 2006年7月2日）

point

自衛隊日報問題とは2016～'18年にかけて問題になった、自衛隊海外派遣部隊がとりまとめていた、南スーダンやイラクでの「日報」を、防衛省や自衛隊が意図的に隠したという疑惑である。ジャーナリストの情報開示請求に対して、調査を命じた稲田防衛大臣らが「見つからない」と報告したにもかかわらず、のちに発見された。「文民統制にかかわりかねない重大な問題だ」と、辞任した稲田氏の後任の小野寺防衛大臣も苦言を呈した。

日報からは「現場の空気」がひしひしと伝わってくる

現在、2004～'06年にかけてのイラク南部のサマワでの派遣部隊の陸上自衛隊の日報、435日分が公開されている。「日報問題」自体が大問題であることは

数、部隊長らの行動予定などを書いたもの。

間違いない上に、「自衛隊の派遣先は非戦闘地域」という当時の政府の説明とは食い違うような記述もあり考えさせられもする。しかし、読んでみると「現場の空気」がひしひしと伝わってくる。そう、一言でいうと「名文」なのだ。ここでは「読み物」として日報を読んでみよう。

記述で目立つのは「食べ物」の話である。彼の地の食事、各国軍の食事についても記されるが、生き生きとしているのは、日本食についての記述。

● 昨日、2回目の家族からの追送品が到着した。（中略）毎週土曜日の「銀シャリ・デイ」にはインスタントみそ汁を同時に食していたので、みそ汁が底をつく所であった。今回の追送品に職場から沢山のみそ汁を激励品として送って頂き皆で歓声をあげた。

（バグダッド日誌　2006年3月21日）

やはり日本食は恋しいらしい。恋しさのあまり不穏な空気も流れる。

● 最近、日本食のストックが底をつき寂しい思いをしている。（中略）先日素麺を5人で一気に24人前を消費したが、あと一回分は十分にあると思われた素麺つゆが自然消滅？ してきて、思わず「素麺つゆを隠せ！」と指示を出してしまう自分が情けない。（中略）食べ物ぐらいで我々バグダッド連絡班の「鉄の団結」にヒビが入ることはないが「食べ物の恨み（執着？）は恐ろしい」ことも事実である。

（バグダッド日誌　2006年7月2日）

随筆の大家、内田百閒《ひゃっけん》は食いしん坊で、戦時中に、ひたすら「食べたいもの」だけを書き連ねた日記を発表していた。この日報は「みそ汁」「素麺」と書くだけにとどまらず、その旨さを語るために「鉄の結束」を持ち出すところに半端ない切実さが伝わってくる。

次に目につくのは「国際交流」話である。

Memo 日報／行動命令に基づき活動する部隊が作成した上級部隊への定時報告。現地の部隊が日々の警備要領、弾薬の

これは文学か!? 日報読み応え度

と「食」で国際交流をはかって悦に入る回もあるが、すわ「戦闘」かとひやりとさせる回もある。

Photo by hohoho(CC SA 2.5)

●各国将校等にそうめんを振る舞った。一口でやめる者、喜んで食べる者、反応は様々であったが、日本人スタッフLO〔編集部注：連絡要員〕の株が（少し）上がった。
（バグダッド日誌 2005年10月10日）

●コアリッション〔編集部注：有志連合〕事務所に各国のオヤジLOに混じって唯一の女性LO（英国少佐）がいる。今朝、話をしていると、肩に鷹を載せて山を歩いている写真を見せながら「鷹3羽と犬3匹飼ってるの」と言い出した。「へェー」とうなずくと、延々と「鷹狩り」についてレクチャーを受けた。段々と早口になり、途中から全く意味不明。話の途中で、大きな爆発音が数回聞こえた（IED〔編集部注：即席爆弾〕の爆破処理であることを後で確認、もちろんこの時は不明）。2回目の音がした時「うるさいわね！ 私の話のジャマしないで！」何とも豪快な英国淑女である。
（バグダッド日誌 2005年10月26日）

コメディ映画かと思わせる展開だ。女性の存在は男性隊員にとってはやはり気になるようでもある。他にイラクの兵士との交流や、宗教問題について各国軍の兵士と会話を重ねる回などもあるが、残念ながら割愛。ここでは自衛官としての「思い」を感じさせるこの回を紹介しよう。

さらに詳しく読みたい方はアクセスしてみてもいいだろう。

> 師団司令部の敷地の周りには窪地があり、そこに水がたまって池のようになっている。何という名前の植物かはわからないが、葦のような植物が生い茂り、夜になると蛙の大合唱が聞こえてくる。イラクに来て蛙の鳴き声が聞けるとは思わなかった。（中略）イラクの月は、不思議である。日本でも月が欠けたり満ちたりするのは当たり前だが、イラクの三日月は、真下に弧を描いて輝く上弦の月である。日本の上弦の月は、右半分が輝くのだが。
> 　少し余裕がある時は、イラクの自然に注意を向けてみる。（中略）これからどんな未知との遭遇が待っているのだろうか。などと考えている時、警報が鳴り現実に引き戻された。ロケット弾1発、攻撃9回、20発目。警報が解除され、報告を終えて宿舎にもどり、そろそろ寝ようと思っていたら、ドンという音がして、キーンという飛翔音らしきものが聞こえた。続けて爆発音が2回（後略）　（バスラ日誌　2006年4月5日）

実は「戦闘地域」にいた証拠では？　と議論もされたこの回。全文読んでみると、異国の地で初めて見る自然描写の美しさと、厳しい現実との対比の妙は、文学作品のレベルだ。

任期を終え、日本へと帰還する隊員が最後の日誌にこう記している。

> 世界最強の名をほしいままにしている（中略）米軍の広報担当が「サマーワの日本隊は、何故ローカル・ピープルからこんなにも支持されているのか？」（中略）と逆に日本隊の活動に学ぼうとしていることは（中略）、誇りに感じて良いと実感している。未だ完全な復興には道半ばの首都バグダッドでの勤務を通して、祖国日本の平和の尊さを噛みしめ、今後も日本がこの平和を享受できるよう、一自衛官として努力していきたい。派遣間のご支援どうも有り難うございました。
> （バグダッド日誌　2006年7月18日）

彼の国の人々や有志たちから敬愛され、祖国の平和に思いをはせる。日報から端的に読み取れるもの、それは、現場の自衛官たちの志と強い思い、そしてひとさじのユーモアのような気がする。

Memo 日報の一部を公開したインターネット上の個人サイト「自衛隊イラク日報　バグダッド日誌／バスラ日誌」も。

スクランブル！その原因 BEST3

1 中国機

2 ロシア機

3 台湾機

1日2回以上、スクランブルが行われている国、日本

2017年度に航空自衛隊が行った緊急発進（スクランブル）の回数が公表された。スクランブルとは、日本以外の国の航空機が、許可なく日本領空に接近したり、領空侵犯するなどした際に、航空自衛隊が戦闘機を飛ばすことを指す。

'17年度の総計は904回となった。ここ5年間と比

point

航空方面隊ごとの緊急発進回数は北部航空方面隊（司令部：三沢）が330回、南西航空方面隊（司令部：那覇）が477回と全体の約9割を占める。いうまでもなく、北空は対ロシア機、南西空は対中国機に対するスクランブル。いずれの国もさまざまな機種で、日本領空にやってきている。

爆撃機などの数も多い。彼らの目的は一体どこにあるのだろうか。

較してみると、'13年度が810回、'14年度が943回、'15年度が873回、'16年度が1168回となっている。'16年度がずば抜けて多いこともあり、'17年度がより少ない印象を受ける。だが、904回ということは、1日2回以上スクランブルが行われている計算になる。これは看過できない数字だ。

一番多かったのが、やはり中国機である。全体の半分以上である500回を数えている。中でも防衛省を震撼させたのが、H-6爆撃機が紀伊半島沖にまで達し、戦闘機が対馬海峡上空を飛行したことだ。もし、日本を攻撃する意思を持って近づいていたとしたら、近畿地方や沖縄地方は甚大な被害を受けていた。これまでも沖縄地方に中国軍機は近づいていたが、'17年度に沖縄本島と宮古島の間を通り抜けた回数は36回と、過去最多となった。中国が沖縄を狙っているのは間違いない。

2番目はロシアの390回。'16年度が301回、確実に日本領空に来る回数を増やしている。

3番目は台湾。回数は3回。台湾も中国同様に、尖閣諸島の領有権を主張しており、日本南西部の領空付近でのパトロールを実施している。

ちなみに国籍不明機も11機確認されている。これは、未確認飛行物体UFO……、というわけではなく、レーダーで探知し、スクランブルしたものの、確認できなかったケースをこのように表現する。多分この11機についても、中国かロシアだろう。また、北朝鮮という可能性もある。'13年度に、9回ほど、北朝鮮機に対するスクランブルを経験しているからだ。

平成以降の緊急発進実施回数
出典:平成30年版防衛白書

Memo 日本領空に接近、領空侵犯する飛行機といわれると「戦闘機」をイメージするが、プロペラ式の輸送機や長距離

実は愛用されている意外な日用品 BEST 3

1 ジッパー付き保存袋

2 吸水クロス

3 ポリ袋

その使い方は、日常生活にも応用可能！

自衛官たちは、日頃の業務や訓練で少しでもラクできるようにいろいろと工夫している。

とにかく目にするのがジッパー付き保存袋だ。着替えから身の回りの品、名刺入れに至るまで、保存袋に小分けしてバッグにしまう。レンジャー訓練では、ま

point

ある業者はOD（オリーブドラブ：ミリタリー用品に多用される暗緑系の色）や黒いジッパー付き保存袋を作った。出し入れの際に光に反射して敵に見つからないようにしたアイディア商品で、使う隊員は多いが「中身が見えないと使いにくい」という隊員も。皆こだわりが強いのだ。

ず、その有効的な使い方を学ぶほど。

取り出しやすさだけを追求するのであれば、コンビニの袋でも用は足りる。だが、自衛官の場合、雨天での行動を考える。せっかく着替えがあっても雨で濡れて着替えられないのでは意味がない。さらに空気を抜いた状態にしやすいので、サイズを小さくでき、バッグのキャパを増やすことにつながる。これは旅行などにも応用できる技だ。

吸水能力の高いクロスも重宝するそうだ。雨で濡れた道具からサッと水気を取ることができる。やはり自衛隊が行動するにあたり、天敵は雨。「演習の前は、必

ず100円ショップに行きます。毎回掘り出し物が見つかるから」と語るマメな隊員もいるほどだ。

不動の1位に用途は似ているが、ポリ袋は命を繋ぐ袋といえる。あるレンジャー隊員は「山で遭難しても、ポリ袋一つあれば、川の水よりも衛生的で安全な飲み水を確保できる。みなさんも山登りの際は、バッグに1袋入れておけば安心ですよ」と語った。このページの写真のように、草葉に含まれた水分を蒸発させて、水を作るのだ。筆者も試してみたが、数時間で口を湿らす程度の水を作ることができた。確かにこれは、ハイキングから災害時まで幅広く使えそうだ。

●吸水クロス

100円ショップで買えるようなアイテムが、不可欠な装備となる。

上／穴の底に受け皿を置き、ポリ袋を伝って落ちてくる草葉からの水蒸気をためる。下／よりシンプルに、葉っぱの生えた枝に直接ポリ袋をかぶせる方法。

Memo　少々修練がいるが、普段着ている「服」を使って浮き輪やいかだを作る方法も。自衛隊員には、身の回りのも

世界の強い戦車 BEST 3

① レオパルト2A6（ドイツ）

② Strv122（スウェーデン）

圏外 10式戦車（日本）

point

ロシアでは退役した戦車を一般に向けて販売しているそう。公道を走らせるには、相当な手間と金額をかけた改造が必要とされるが、中にはやってのける猛者もいるらしい。大規模な戦車戦こそなくなり、その用途は限定的になりつつあるが、人気は世界各国で健在なのだ。

実は隠れファン多し!? TANKは世界共通語！

世界にはさまざまな戦車がある。日本だけでも、初の国産戦車となった61式戦車（現在すべて退役）から始まり、74式戦車、90式戦車、10式戦車と造られてきた。16式機動戦闘車といった変わり種まである。

今、一番強い戦車はどれだろうか。主要国は、第3・5世代と呼ばれる戦車が主流だ。アメリカのM1A2

みにStrv122もレオパルト2A5をベースにしている戦車だ。

エイブラムス、イギリスのチャレンジャー、ドイツのレオパルト2A5以降、ロシアのT-90など。これら戦車が近代に入り大規模な戦車戦を繰り広げた例はない。

毎年5月、ドイツで「ストロング・ヨーロッパ・タンクチャレンジ」という戦車競技会が行われている。NATO加盟国を主として、戦車の射撃技術、操縦技術、危機対応能力、中には戦車兵が実際にリレーを行う障害物競走といった種目を戦う。

●レオパルト2A6

2015年からスタートし、4回目となる'18年競技会には、主催国であるアメリカ・ドイツの他、フランス、イギリス、ポーランド、オーストリア、スウェーデン、ウクライナの8か国が参加した。見事優勝を手にしたのはドイツ。第2位はスウェーデン、第3位はオーストリアという順位だった。
実は、この3か国、すべてドイツ製のレオパルト2シリーズを使用している。もちろん前述のように、ただ戦車の射撃を競うものではないので、戦車部隊の練度の高さも成績に大きく左右する。だが、やはりすべてドイツ製という点は見逃せない。

●Strv122

もし、この競技会に日本の10式戦車が参加したとしたら、果たして何位になるのだろうか。日本の装備全般にいえることだが、輸出をしていないし、米軍以外の国と戦車を使っての訓練をしたこともないので、こちらも判断が付かず、圏外という判定で。

●10式戦車

Memo 最新の情報システムや複合装甲を備えている戦車を一般的に第3.5世代と呼ぶ。代表格がレオパルト2A6。ちな

災害派遣時に頼りになる車両 BEST3

1 **軽装甲機動車LAV**

2 **重機**

3 **野外炊具1号**

災害派遣時に不可欠な
車両、軽装甲機動車LAV。

point

ほかにも、大型トラックに搭載されて移動できる、施設のない場所で外科手術を行うためのコンテナ「野外手術システム」、野外で入浴するためにトラックに牽引されて移動できる「野外入浴セット2型」、河川などに素早く橋を架けることができる「81式自走架柱橋」などが災害派遣時に活躍している。

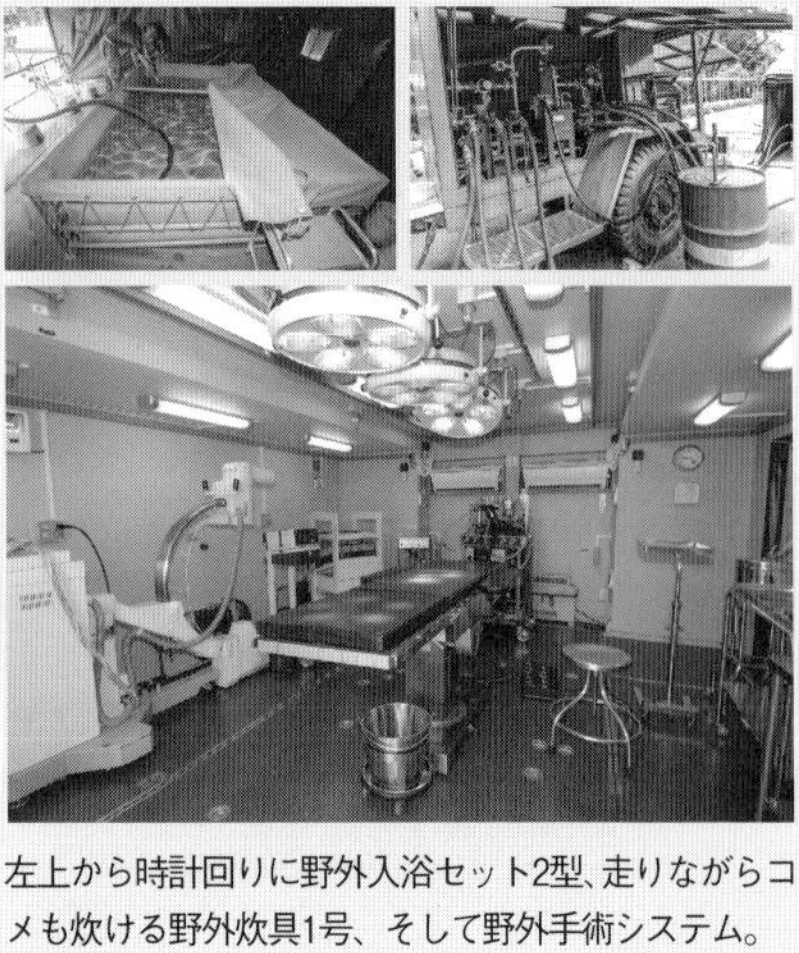

左上から時計回りに野外入浴セット2型、走りながらコメも炊ける野外炊具1号、そして野外手術システム。

団（山形・神町駐屯地）HPの装備品のページがおすすめ。

悪環境をものともせず「はたらく車」たち

　東日本大震災の際、災害現場で重宝されたのが、軽装甲機動車「ＬＡＶ」だった。堅牢性の高い車体、パワフルな足回り、装甲車でありながらＳＵＶのような乗り心地、と瓦礫が積み重なる被災地を走行するのにこれ以上適した車両はなかった。福島第一原発の事故に際しても、一般車両よりは放射線が遮断できると、日本中から軽装甲機動車がかき集められ、福島県の第44普通科連隊に配備された。

　陸自では、災害が発生した時に備え、以前から全国各地の駐屯地に、初動対処部隊を待機させている。通常の編成上にある部隊ではないが、救助用の資機材を装備し、救助活動等ができるのが特徴だ。２０１３年9月1日、初動対処部隊を「ＦＡＳＴ-Ｆｏｒｃｅ」と命名した。彼らも軽装甲機動車を用いている。

　瓦礫を撤去する際に必要不可欠な車両が重機。いわゆる工事現場にあるようなクレーン車等が陸自の施設科部隊にも配備されていて、どの被災地にも派遣されてきた。もともと防御陣地を作る時などに使用している車両だが、災害派遣でも頼りになる装備だ。

　タイヤが付いているということで、無理やり車両に含めるが、野外炊具1号という装備がある。トラック等で牽引して運ぶ「キッチン」だ。６つのお釜と、野菜を裁断する大型カッター、皮むき器等が一体となっている。６つのお釜では、炊く、揚げる、蒸す、といった調理が可能。これ1台あれば、ごはん、汁もの、おかずの1セット約２００人分が作れる。災害派遣などで「とにかく急いでおにぎりだけでも配らなければ」ということならば、６個の釜すべてでご飯を炊くことで、最大６００名分はまかなえるともいわれている。

写真右／広島県土砂災害時に出動した重機。左／トラック等で牽引して運ばれる野外炊具1号。

Memo 車両の詳細を知るには、熊本地震の災害派遣で現地に駆けつけ「女性用仮設風呂」などで活躍した、陸自第6師

おどろくべき災害派遣 BEST 3

1 **第十雄洋丸事件**

2 **トド退治**

3 **雲仙普賢岳の噴火に伴う災害派遣**

point

2016年に公開された映画『シン・ゴジラ』で、東京湾や都内で暴れるゴジラに対して、政府が武力行使命令を発令する。総監督の庵野秀明さんは、子ども時代に見たであろう「第十雄洋丸事件」の報道映像を参考にしているのでは、とマニアの間で話題になった。また、映画『ガールズ&パンツァー』でも「戦車は火砕流の中を進める」旨のセリフがあり「雲仙普賢岳の噴火に伴う災害派遣」が下敷きにあるのでは、と噂された。おどろくべき災害派遣の数々は、多くの人に強烈なイメージを植え付けたことは間違いないようだ。

人から熊本地震のあった2016年度の約850,000人まで幅広い。

海上保安庁の資料より。炎上するタンカー、第十雄洋丸。

タンカー砲撃、トド襲撃、そして家財道具の持ち出し……。世界的にも例を見ない、勇ましい災害派遣の数々！

過去自衛隊が行ってきた災害派遣の中で、おどろくべきものがいくつかある。

その変わり種災害派遣の代表ともいえるのが、1974年11月9日に発生した、別名「東京湾砲撃戦」とも言われている「第十雄洋丸事件」である。

サウジアラビアから川崎のコンビナートへと石油等の燃料を運搬中だったタンカーが、東京湾内で貨物船と衝突、炎上する事故が発生。すぐさま海保や消防による消防艇が放水するものの、文字通り「焼け石に水」。何度か東京湾外へ曳航しようと試みるものの、なかなかうまくいかない。火勢は徐々に衰えていったが、それでも完全鎮火には至らない。そればかりか漂流をはじめ、極めて危険な状態に。

Memo 平成30年版防衛白書によると、過去5年間における災害派遣の件数は500件台前半を推移。派遣人数は約30,000

トド退治に出動した対空自走砲車。'64年3月11日の北海道新聞の紙面より。(資料提供：国立国会図書館)

11月22日、もはや打つ手なしとして、海保は処分を防衛庁へと要請。これを受けて海上自衛隊が災害派遣された。中村悌次自衛艦隊司令官（当時）は、まず燃料が残るタンクを破壊するため、上空から爆撃し、最後に魚雷攻撃で撃沈するという驚きの作戦を立てる。11月28日、護衛艦4隻、潜水艦1隻、P-2J対潜哨戒機1機が出動。艦砲射撃や魚雷攻撃を行い、20日間炎上し続けた第十雄洋丸は海の底へと沈んでいった。

これも他に例を見ない災害派遣といえるのが、'60年代に何度か行われた、北海道で大量発生したトドを駆除するという任務だ。例えば'67年3月のニュースによると、トドが漁場を荒らし、漁師たちの被害が甚大だったため、北海道知事が自衛隊にトド退治を依頼。自衛隊はこれを受け、最終的には災害派遣でも鳥獣駆除でもなく「射撃訓練」として駆除を実施することとなり、上空からF-86F戦闘機による機銃掃射、陸地から小銃や重機関銃、さらには75㎜りゅう弾砲（大砲）による一斉掃射を行った。

を追い払うという措置が取られたという話も残っている。

火砕流被災地偵察に向かう自衛隊装甲車。1991年6月8日の毎日新聞紙面より。

鳥獣駆除を自衛隊が行うことは、鳥インフルエンザ感染予防として病気にかかった鶏を殺処分するなど、今でもたびたび行われているが、武器を使った駆除は、トド退治以外報告されていない。

派遣期間が最も長かったのは、'91年6月3日に発生した長崎県の雲仙普賢岳噴火に伴う災害派遣だ。'95年12月まで実に1658日間も続いた。この時、報道陣を乗せた輸送ヘリV-107バートルが火山灰によるエンジントラブルで不時着するという事故も発生。全員無事であったが、一歩間違えば二次災害も引き起こしかねなかった。

住民を避難させるにあたり、火砕流や噴石、有毒ガスが発生しているような状態であったので、なんと装甲車が使われた。車内に住民が乗り、ルーフトップに家財道具を乗せた装甲車が列をなして走行するシーンは、改めて噴火災害の恐怖を日本人に知らしめた。

このような災害派遣は、自衛隊史、いや日本史の中でも非常に珍しいものだ。

Memo 1960年代にはトドによる水産業への被害が大きかったようだ。訓練の名目でトドの集まる岩を射撃して、彼ら

人気イベントBEST3

1 自衛隊記念日行事

2 入間基地／三沢基地航空祭

3 富士総合火力演習

人気イベントは観覧するのもひと苦労！

自衛隊では年間を通じて、さまざまな一般公開イベントを実施している。陸自でいえば駐屯地創立記念行事（通称駐屯地祭）、空自なら航空祭、海自は体験航海などだ。自衛隊への理解を深めてもらい、隊員募集にもつなげていきたいという理由から、積極的に開催し

point

自衛隊記念日行事は、例年10月に開催。陸上自衛隊の観閲式（朝霞訓練場）、海上自衛隊の中央観艦式（相模湾・横須賀などから出港）、航空自衛隊の航空観閲式（百里基地）がそれぞれ3年に一度行われる。「自衛隊音楽まつり」も人気。いずれも観覧は応募による抽選。防衛省HPの「イベント情報」をチェックしてみよう。

防衛省イベント情報
www.mod.go.jp/j/publication

で使用されるため、順番を入れ替えて陸自が行った。'19年は海自が行う予定。

左・右上／航空祭。青と白に塗り分けられたブルーインパルスの人気は高い。右下・右ページ／観艦式と観閲式。

ており、中身もかなり充実している。いずれも事前に申し込む必要はなく、ぷらっと立ち寄れるのが魅力。

集客率がズバ抜けて高いのが航空祭だ。その名の通り、空自が保有する航空機が主となり、飛行展示を行う。ブルーインパルスが飛行する際は、会場は身動きが取れないほどの人出となる。中でも都心部からのアクセスのしやすさなどから、入間基地航空祭（埼玉県）は、なんと30万人もが訪れる。ちなみに筆者のおすすめは、三沢基地航空祭（青森県）。ここには、F-35、F-2、そして米空軍のF-16などが飛行する。

招待制や事前申し込み等が必要なイベントもある。軍事マニアの間で人気となっているのが、自衛隊記念日行事だ。陸海空自衛隊が持ち回りで陸自が中央観閲式、海自が観艦式、空自が航空観閲式として実施している。HP等で申し込み、抽選で入場券が送られてくる。是非とも一度は見てみたいイベントだ。

3位の富士総合火力演習は、114ページからの「Spin Off DOCUMENT」で詳しく取り上げている。

Memo 2018年の自衛隊記念日行事は海自の順番だったが、会場となる朝霞訓練場が2019〜'20年にかけてオリンピック

著者近影!?

Column

05

著者・菊池雅之 自薦！

俺的「これしかない」一択ランキング!?

1 大変だった取材 厳冬期の鬼志別演習場

自衛隊の訓練は基本的に気象・天候に左右されない。台風のような大雨の中でも、訓練は行われる。それに同行する私も、当然雨に打たれながら撮影している。この仕事をはじめて20年を超え、一体何台のカメラを壊してきたことか……。

中でも過酷なのが、冬の取材だ。それも北海道や東北で行われる訓練。マイナス20度を超える寒さの中、凍えながら取材することもある。

この仕事をはじめて、私が寒さに向いていないと気が付いたのは、2004年2月に海上自衛隊の大湊地方隊（青森県）を取材、「ゆうぐも」（05年退役）に乗艦取材をした時だ。

激しい吹雪の中の出港だった。

今でもあの光景は覚えている。船体に雪が吹き付けられ、甲板がガチガチに凍り付いている。甲板作業を行う乗員たちも一言も口を開くことなく厳しい顔をして黙々と作業をしていた。私もかじかむ指でカメラを構え、ファインダーを

「ゆうぐも」に乗艦取材した時の渾身の一枚。

Column 05

ホワイトアウトを体験した鬼志別演習場で。

のぞく。その光景は厳しさと共に美しさもあった。

出港から数日。対潜ロケットの射撃訓練が行われた。朝7時頃から約2時間、吹雪の中、甲板で待ち続けていた。この時はあまりにも寒くて、気を失いそうになった。

ホワイトアウトを経験したこともある。それは日本最北端の演習場、鬼志別演習場（北海道）でのことだった。この演習場からはオホーツク海が見渡せる。冬場は海から吹き付ける風がまるで頬を切るかのように厳しい。

悪天候のため、さすがに自衛隊も訓練を継続できなかった。目の前2～3m先が吹雪で見えない。カメラのボディもガチガチに凍り付いてしまった。私の髪やまつげも凍っている。宿営地へと戻ろうと、陸自隊員が運転するスノーモービルの後部座席に座っていた時、突如体がフワッと浮いた。スノーモービルが転倒したのだ。状況を理解した瞬間、私は雪に叩きつけられていた。鈍い痛みが全身を襲い、体が雪の中に沈んだ。

手で顔の前の雪を払うが、そもそも吹雪で完全にホワイトアウトしている。立ち上がろうにも雪に足が取られて立ち上がれない。雪の中に生き埋めにされたのだ。はっきりいおう。私はパニックになった。

とその時「大丈夫ですか?」という掛け声と共に、腕をむんずとつかまれた。もしこのままここに一人取り残されたら確実に死んでしまうだろうという恐怖と、自衛隊員の頼もしさを同時に感じた。

できることなら冬場の取材は避けたいが、そうもいかないのがミリタリーレポーターの宿命なのだ。

著者・菊池雅之 自薦！

俺的「これしかない」一択ランキング!?

1 怖かった体験 硫黄島取材

ゴキブリと怖い話が大の苦手。

そんな私が、世にも奇妙な体験をした時のことを書いてみよう。

舞台は、小笠原諸島の南端に位置する硫黄島《いおうとう》。

行政区分上は、東京都内ではあるが、都庁から約１２００㎞も離れている南海の孤島だ。東西８㎞、南北４㎞しかないこの島を巡り、第2次世界大戦末期には熾烈を極める戦いが繰り広げられた。日本軍の死者は当時島にいた守備隊の96%にあたる約2万１２９名にもなった。まさに玉砕。一方の米側も死者約６８２１名、けが人2万１８６５名と被害は大きかった。

１９４５年2月19日に始まった戦いは、１か月以上も続いた。海岸線は血で真っ赤に染まっていたという。米軍は3月17日に島を掌握するも、栗林忠道《くりばやしただみち》陸軍大将を指揮官とする硫黄島守備隊の激しい抵抗にあい、終結は3月26日だった。

現在、毎年3月中旬に日米両英霊の死を弔うために、硫黄島で慰霊祭が行われている。２０１６年3月19日、私はその慰霊祭を取材

当時の機銃などが残される。

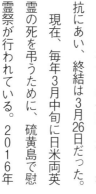

するために、米軍嘉手納《かでな》基地（沖縄県）を輸送機で飛び立った。

　慰霊祭は午後からだったので、午前中は島内を散策した。米軍の艦砲射撃により山肌がえぐれた擂《すり》鉢山《ばちやま》にも登った。

　硫黄島には、海上自衛隊と航空自衛隊の基地が置かれている。以前ここに勤務していた海自幹部の方から「硫黄島は幽霊が出るよ。ここに勤務すると、誰もが一度は出会う。ただ英霊であり、怖がるのも失礼なので、ただ『ご苦労様でした』と頭を下げると、スッと消える。あと、浜辺の砂を持ち帰ってはいけない。まだまだその下には遺骨がたくさん残っているからついてくるよ」と、聞いた。

幽霊は信じないが、怖い話は苦手なので、取材のため砂浜に立ち入っても、砂を持ち帰るようなことはしなかった。

　慰霊祭は無事終わり、夜、嘉手納基地へと戻ってきた。那覇市内のホテルに到着したのは夜10時を回っていた。さすがにヘトヘトに疲れ果て、靴も脱がずにそのままベッドに倒れ込み寝てしまった。

島の至るところで激戦が繰り広げられた。

　それからしばらくして、寝苦しさに目が覚めた。だが、体が動かない。金縛りだ。汗がどっと噴き出してきた。すると窓側に白い影のようなものがふわふわ浮かび、時折、壁にぶつかるのか、ドンドンという音が室内に響く。「ま、まさか……」。頭では分かっていても体が動かない。とにかく教えられた通り、「ご苦労様でした！　ご苦労様でした！」と念仏のように繰り返し唱えた。すると急に体が動いてベッドからずり落ちた。

　訳が分からないないまま、汗ばんだ上着を脱ぎ、靴を脱ぐと、中から砂がザーと落ちてきた。ソールの部分が破けていて、そこに大量の砂が入っていた……。

著者・菊池雅之 自薦！

俺的「これしかない」一択ランキング!?

1 ミリメシ・ミシュラン！ 海自の「金曜カレー」

人気の海自カレー。護衛艦ごとに個性も。これは「むらさめ」のカレー。

これまで、陸海空自衛隊だけでなく、米軍をはじめとして、世界中の多くの軍隊で、おいしい食事を頂いてきた。

陸海空自衛隊の中で一番美味しいと感じるのはやはり海自だ。

これにはちゃんとした理由がある。まず、海自と空自は、調理専門の給養員をきちんと教育し、各部隊に配置している。陸自は、戦車や大砲など、自分の特技を持ちつつ、2個目の特技（これを付加特技という）として給養を選ぶことになっており、専門の「料理人」はいない。ただし、松戸駐屯地にある需品学校のＦＥＧ（給養陸曹）課程で基礎からしっかり学んでおり、決して料理が下手というわけではない。私が陸自の食事を食べる時は、野外での演習中である場合が多い。隊員たちは汗を大量にかいている。そこで給養陸曹は、熱中症の予防や体力維持のため、かなり塩っ辛い味付けにする。隊員のことを思った真心料理であるが、一般人にとっては好き嫌いが分かれるところだろう。

空自ももちろんおいしい。入間基地は空自最大の部隊数と人員を

陸自は需品学校のFEG課程で学んだ隊員が食事を作る。

誇る。1日になんと約4500食を作っており、その調理過程はまさに「戦場」だった。数が多いからと手を抜くことなく、完璧に仕上げている。なお、輸送機など長時間フライトを行うパイロットたちには、机上食として、お弁当が渡される。この「空弁」を作るため、「機上食分隊」というチームがある。

それでもトップに海自を挙げたのは、食事を摂るシチュエーションにある。南シナ海の護衛艦の上、四国沖を潜航する潜水艦など、食べる場所も時間も非現実的。これがスパイスとなり、味を引き立ててくれている。

一番おいしいのはやっぱり金曜日に必ず出されるカレーだ。昔は土曜日のお昼に出されていた「土曜カレー」であったが、土日が休みとなったことを受け「金曜カレー」となった。航海中に曜日感覚を失わないようにするためのルーティンだ。各艦、各基地、一つとして同じ味は存在しない。一般公開などで、カレーを食べるチャンスはあるので、みなさんもぜひお試しあれ!

上／護衛艦「きりしま」の厨房。豪快なTボーンステーキ。下／FEG課程では栄養学からきちんと学ぶ。その表情は真剣そのもの。

Column

06

ひと目で階級まるわかり！
自衛隊の階級章一覧

自衛隊の階級は将官を高位に全部で17階級。陸海空で色や形態が異なり、着ける位置が、肩、襟、腕など、着る制服によって違う。

他に、陸海空それぞれで着用する「帽章」、所属を示す「部隊章」（陸上自衛官は右腕、航空自衛官は右胸に着用）、自衛官が有する職務や技能、資格を示す「き章」（陸自のレンジャーき章などがよく知られる。左胸に着用）、表彰などを受けたり、特定の職務にあたった自衛官の経歴を記念して着用できる「防衛記念章」（左胸に着用）、個人や部隊の功績によって表彰された自衛官に授与される「防衛功労章」「部隊功績貢献章」（儀式などで左胸に着用）等がある。

航空自衛隊	海上自衛隊	陸上自衛隊	共通呼称		
航空幕僚長	海上幕僚長	陸上幕僚長	将	将官	幹部
空　将	海　将	陸　将			
空将補	海将補	陸将補	将補		
1等空佐	1等海佐	1等陸佐	1佐	佐官	
2等空佐	2等海佐	2等陸佐	2佐		
3等空佐	3等海佐	3等陸佐	3佐		
1等空尉	1等海尉	1等陸尉	1尉	尉官	
2等空尉	2等海尉	2等陸尉	2尉		
3等空尉	3等海尉	3等陸尉	3尉		
准空尉	准海尉	准陸尉	准尉	准尉	
空曹長	海曹長	陸曹長	曹長	曹	曹士
1等空曹	1等海曹	1等陸曹	1曹		
2等空曹	2等海曹	2等陸曹	2曹		
3等空曹	3等海曹	3等陸曹	3曹		
空士長	海士長	陸士長	士長	士	
1等空士	1等海士	1等陸士	1士		
2等空士	2等海士	2等陸士	2士		

出典:平成30年版防衛白書

Spin Off
DOCUMENT 2

富士総合火力演習

陸上自衛隊による国内最大の実弾射撃演習「富士総合火力演習」。
毎年8月下旬に、東富士演習場（静岡県御殿場市など）で開催される
大人気のイベントで、「総火演（そうかえん）」の略称で親しまれている。

右／105mmライフル砲を発射した16式機動戦闘車。上／双発の大型輸送ヘリCH-47JA チヌークから降ろされる高機動車。人員だけでなく車両の積載能力も持つ異能のヘリ。

富士総合火力演習がスタートしたのは1961年のこと。もともとは部内教育として、陸自の富士学校に入校中の学生らに火力戦闘の様相を見せる〝授業〟の一環だった。'66年からは一般にも開放し、自衛隊への国民の理解を深めてもらう場ともなった。

観覧するには事前に応募する必要がある。国民が自衛隊の実弾射撃を見られる数少ない機会ということもあり、年々チケットの入手が困難になっている。2018年8月26日に行われた「総火演」の観覧者数は約2万4000人、チケットの当選倍率はなんと28倍だった。

演習は2部構成となっている。前段は各装備を紹介しながら実弾射撃を、後段はシナリオに沿って各部隊が実弾射撃を行っていく。特に後段は注目度が高い。その時の国際情勢を受け、毎回、シナリオの内容が変化するからだ。

東西冷戦時は、ソ連軍による着陸・上陸戦を想定したものだったが、7年前からは、島しょ防衛へと内容

迫真のシナリオに沿って各部隊が実弾射撃！

戦車の砲撃。迫力のあるその様子は、総火演のハイライト。実況生中継などで毎回見学している筆者も、毎年新鮮な驚きを覚える。

がシフトした。これは中国軍が覇権主義的海洋進出を目指したことが理由だ。防衛省は、日本南西諸島部が狙われる危機にあたり「どう守っていくか」を、総火演で国民に示しているのだ。

'18年も内容は島しょ防衛ではあったが、参加する部隊、そして装備は大きく様変わりした。これは、7年の歳月をかけ、ゼロから築き上げてきた新しい脅威に対する自衛隊新体制の完成を意味する。

そのシナリオを文章で再現してみよう。

まず、敵が侵略しようとする日本領土の島に、'18年度より新編された即応機動連隊が先んじて上陸し、防御陣地を構築。敵の上陸を阻むため「12式地対艦誘導弾」とともに新装備「16式機動戦闘車」を配置した。

さらに「ネットワーク電子戦システム」通称NEWSが初登場。電磁スペクトラム作戦として、敵のネットワークを切断し、陸海空自衛隊の戦いをバックアップ

願で皆で拝む姿が、ちょっとした名物になっている。

NEWS（ネットワーク電子戦システム）も初登場。シナリオに沿って、陸海空自衛隊の戦いをバックアップした。

水陸機動団と共に総火演に参加した陸自最新装備である水陸両用車AAV7。陸上では装甲車として活躍する。

'18年の総火演より本格参加した16式機動戦闘車。最高時速100kmで自走できる走破性の高さにより、陸自の機動能力を一気に向上させた。島しょ防衛の要となるか。

総火演では自衛隊の「今」が見られる！

した。そこに、今年新編された日本版海兵隊こと水陸機動団が、増援として新装備の水陸両用車「AAV7」で上陸。こうして即応機動連隊や水陸機動団が確保した地域に、戦車を中心とした主力部隊が展開していった。

一進一退の戦いが続く中、敵によりネットワークが切断されてしまう。すかさず'18年7月より運用を開始した防衛省通信衛星「きらめき1号」を活用、衛星通信に切り替え、一時回避。最後は16式機動戦闘車、10式戦車、90式戦車の打撃力で敵を制圧した。

圧巻のシナリオと臨場感あふれる演習。総火演は、毎回、自衛隊の今とこれからの姿を目の当たりにできる場となっている。

Memo 総火演で必見なのが、オートバイ偵察隊のジャンプ。華麗な実演はもとより、なぜか「アヒルの人形」を安全祈

はたらく自衛官

国内外の各地で季節を問わず任務に就く自衛官。その姿の一端を写真でご紹介します。

1／陸自の特別儀じょう隊。2／2017年にタイで行われたASEAN創設50周年記念観艦式に参加した護衛艦「おおなみ」。舷側に並ぶ「登舷礼」という儀式で参列。

Formal

外国から来た賓客を出迎えるため、陸自には「特別儀じょう隊」と呼ばれる部隊が編成されている。第302保安警務中隊の中から、資質、身長、体重など、厳しい選抜基準をクリアした隊員で構成される。'17年には儀じょう服を一新。スマートなデザインで、夏服は白、写真の冬服は紺を基調とした華やかなカラーに。監修はコシノジュンコさんが行い、1着50万円とのこと。一見すると自衛隊には見えない（!?）ほど洗練された衣装と、規律のとれた隊員の姿が印象的だ。

1・2／白一色の装備に身を包む隊員。3・5／砲塔に白い布を巻き付け、冬季迷彩とした10式戦車。日本最北の戦車部隊である第2戦車連隊（上富良野駐屯地・北海道）の訓練の様子。4／雪国で戦う部隊には、雪上車やスノーモービルなども配備されている。

In the Snow land

日本は、冬季は白銀の世界に覆われる北海道や東北などの積雪寒冷地を抱えている。自衛隊はそういった厳寒のエリアでも戦えるように、日夜訓練を行っている。雪景色に自らを溶け込ませるため、戦車の砲塔や、小銃にも白い布やテープを巻いて「真っ白」にカモフラージュするのが特徴。隊員たちも、冬季に衣替えをする動物のように、白一色にまとめられた装備に身を包む。厳寒地での訓練と、その取材の過酷さについては、106ページからの「俺的“一択”ランキング」を参照していただきたい。

はたらく自衛官

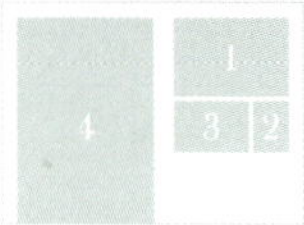

1／水陸機動団の前身「西部方面普通科連隊」の訓練風景。2・3／艦上での任務に携わる隊員たち。4／「そうりゅう」型潜水艦の入港シーン。雨天のため、全員緑色の雨具を着用している。どんな天候であっても自衛隊は訓練を行う。

On the Sea

日本は四方を海で囲まれている「島国」。変事をもたらすものは海からやってくる。ゆえに自衛隊も、海上における防衛にはひときわ気を配る。海上自衛隊は、約43,000人の隊員と54隻の護衛艦、22隻の潜水艦で国民の生命と財産を守る。もし敵が島しょ部などに上陸すれば、航空自衛隊の戦闘機による支援を受け、新設された陸上自衛隊の水陸機動団が上陸して奪還する。これからの自衛隊は、陸海空の自衛隊が共同で任務にあたる「統合運用」が基本となっていく。

はたらく自衛官

1／ジブチにて海外派遣任務に携わる自衛隊。砂漠仕様の迷彩服が珍しい。2／モンゴルで行われた多国間PKO訓練「カーンクエスト」。青色のUNカラーに身を包む。3／「コブラ・ゴールド」での1コマ。4／陸海空の各自衛隊が任務に就く。

はたらく自衛官

At the Oversea

訓練や任務として、自衛隊が海外に派遣される機会が増えた。例えばアフリカのジブチ共和国には海賊対処行動の活動拠点を設けており、パトロール飛行や現地の活動を支える部隊が常駐する。米ハワイで行われる「リムパック」、オーストラリアで行われる「カカドゥ」、タイで行われる「コブラ・ゴールド」などの多国間訓練にも参加する。海外派遣については48ページからの「自衛隊海外派遣の歴史」、多国間訓練については28ページからの「各国軍との共同訓練」を参照していただきたい。

Always at Work

陸海空自衛隊は、いつ・いかなる有事にも対応できるように訓練を重ねている。災害派遣においてもその訓練の成果がいかんなく発揮されている。中でも2011年3月に起こった東日本大震災における活躍は、世界も知るところとなった。今では世界の軍隊は、自衛隊から災害時におけるノウハウを学ぼうとしている。災害派遣の歴史については140ページからの「自衛隊の主な災害派遣」を参照していただきたい。

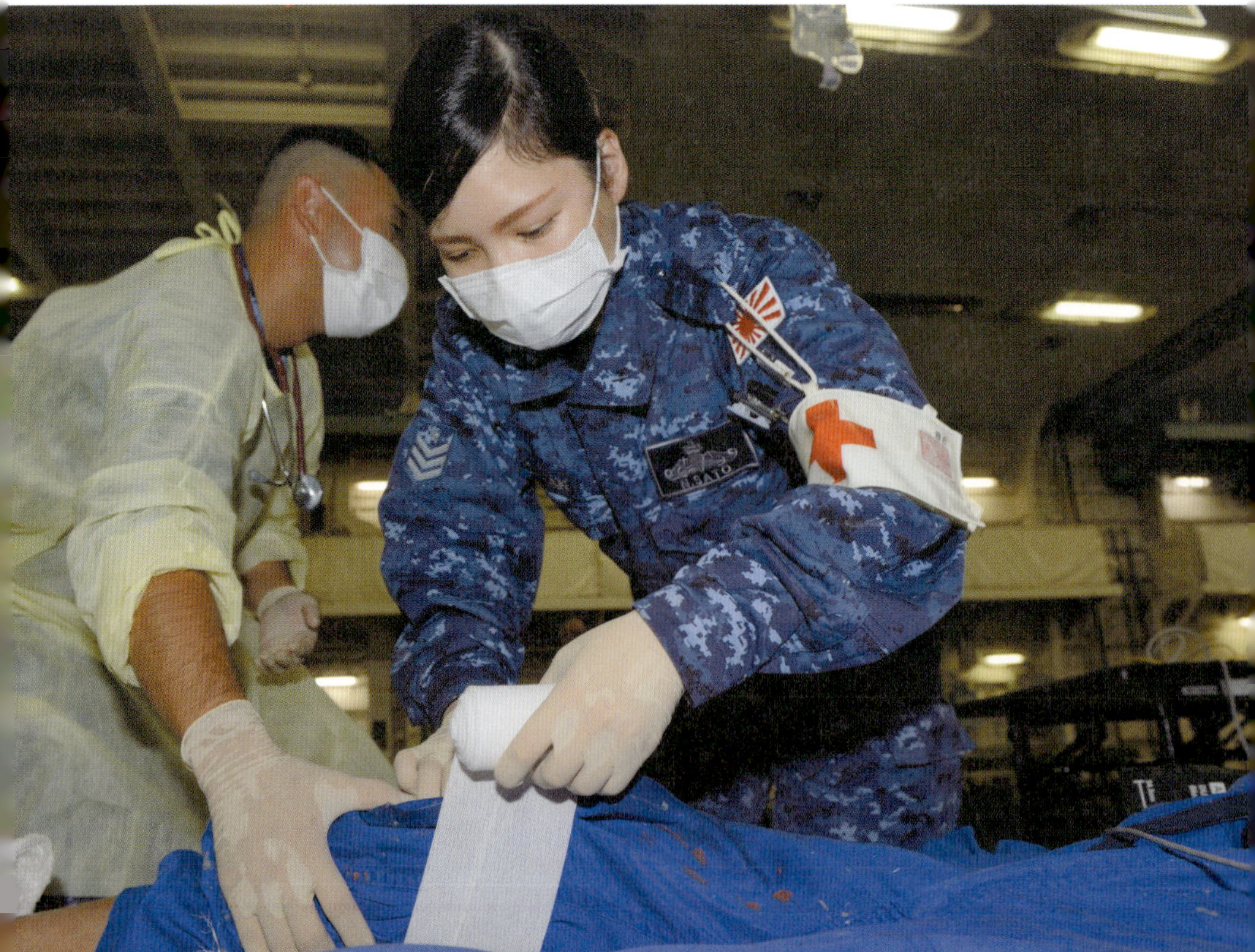

はたらく自衛官

1〜5／いずれも自衛隊が行うさまざまな訓練の模様。WACと呼ばれる女性自衛官の姿も増えた。阪神・淡路大震災、東日本大震災、御嶽山噴火、さらには'18年に複数回起こってしまった災害における自衛隊の災害派遣活動は、多くの人に感銘を与えた。132ページからの「自衛隊経験者に聞く　体験したことと、自衛官としての思い」にも書かれるように、これらの活動を見て、入隊を希望する人が増え、国民の「自衛隊を見る目」にも変化が生まれている。日頃からの訓練のたまものだ。

Column

07

密着!! 自衛官候補生教育!

陸上自衛隊に入隊するにはいくつかのコースがあるが、通年にわたり募集をしている「自衛官候補生」という制度がある。もともとは任期制自衛官と呼ばれていたが、平成22年に制度改革が行われた。

自衛官候補生となるためには「18歳から27歳未満」「日本国籍を有する者」などの決まりがあり、これに該当すれば、性別問わず誰でも採用試験を受けることができる。

自衛隊候補生に採用されると、まずは各方面隊（日本列島を北部、東北、東部、中部・西部と5つに区切っている）混成団の中にある教育大隊か、最寄りの部隊にて入隊式が執り行われる。

教育期間は、前期と後期に分け

て実施している。実は自衛官候補生は〝候補生〟という名前の通り、自衛官ではない。そのため階級も与えられていないし、職種も決められていない。前期教育での目標は、体力の向上や基本的な技能、規則正しい生活リズムや集団生活に慣れさせること。これらを3か月かけてしっかりと学ぶ。後期教育を前に、職種が決まり、階級を得て、実際の部隊で専門的かつ高度な訓練を受けていき、本当の自衛官となる。

　教育期間中は、駐屯地内に居住する。いわば全寮制だ。区隊というまとまりに分けられ、一つの区隊はさらに各班に枝分かれする。班長を務めるのは、3等陸曹という階級の若い先輩の下士官だ。1個班は約10人程度（教育隊による）。各班で一つの部屋を使う。居住区画内の雰囲気はまるで運動部の合宿所だ。廊下まで汗のにおいが染み込んでおり、どことなく懐かしさすら感じてしまう。

　室内に入ると、先ほどまでの男臭い雰囲気とは一転、まるで女子の部屋のように整理整頓が徹底されている。

　ごみ一つ落ちていない部屋の中は、2段ベッドとロッカーだけが置かれた実に質素なもの。ベッドのマットレスにはシーツ代わりに毛布がピシッと巻かれる。ロッカーは一人につき2台があてがわれており、中を開けると、アイロンがしっかりかかった服がハンガーにかけられている。小物はベッドの下にある収納箱にきれいにしまわれている。

　ここでは、第44普通科連隊（福島駐屯地）で行われている自衛官候補生教育の様子をご紹介しよう。

89式小銃を用いた格闘訓練を学ぶ。素手で戦う徒手格闘というものもある。

敵の攻撃をかい潜り、制圧するまでを演練する実戦的な野外戦闘訓練。最後は腰だめでの小銃一斉掃射。泥だらけになって訓練を繰り返しながら、基礎的な技を身につけていく。

「集団生活への慣れ」……3か月かけてみっちりと学ぶ!

Column 07

89式小銃の分解結合を学ぶ。先代の64式小銃よりも部品点数が少なくなり、ラクになったとはいわれるが、最初の頃は四苦八苦。教官の厳しい目が光る中、緊張しながらも作業を進める。

「体力の向上」「基本的な技能」「規則正しい生活リズム」

最後は25km行軍を行い前期教育は幕を閉じる。第44普通科連隊では、福島市内を歩くコースを辿る。この時は朝から激しい雨が降り続け、出発前はみな不安そうであった。だが、3か月間で体もでき、体力もついた。いざ出発してみると、新隊員たちから辛いといった雰囲気は感じない。幼いながらも彼らの顔つきは、実に頼もしくなった。

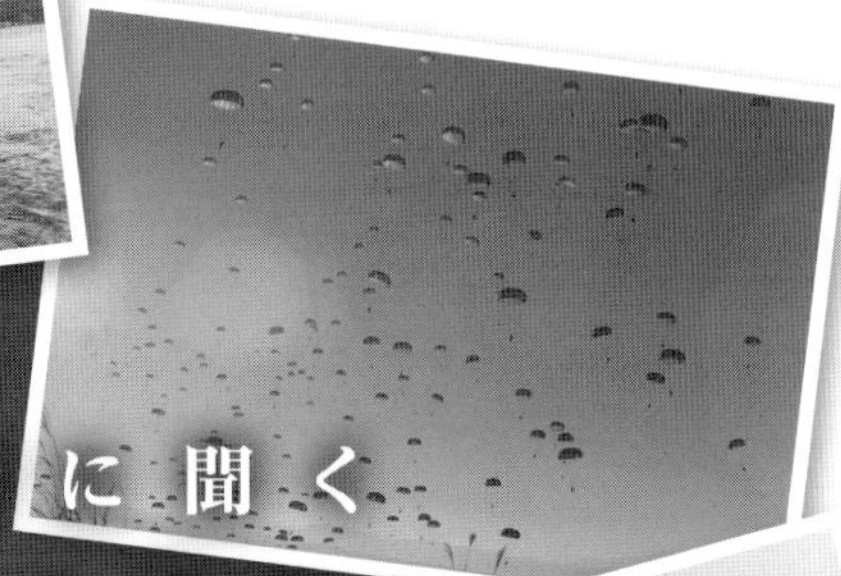

第4章

自衛隊経験者に聞く

体験したことと、自衛官としての思い

自衛隊の訓練の様子や、自衛官たちの思い。
”中”にいなければ知ることのできない、さまざまな「知りたかった」ことを
女性予備自衛官と、精鋭部隊出身の元自衛官に伺いました。

自衛官の姿は「国民の国に対する気持ちの写し鏡」です

葛城奈海

予備自衛官とは、諸外国でいうところの予備役兵にあたる。正規の員数には含まれないが、有事の際は、自衛官として他国からの侵略や災害と戦う。

２００１年までは元自衛官しかなれなかったのだが、その規定を撤廃し、陸自においては「予備自衛官補」として、所定の訓練を受ければ、誰でも予備自衛官になれるようになった。

葛城奈海さんは、予備自衛官補の第一期として、華やかな芸能界から、泥臭い自衛隊の世界へと飛び込んだ。そんな彼女に、体験したことや思うことを聞いてみた。

――予備自衛官を目指すきっかけは何でしたでしょうか？

元々はアンチ自衛隊だったんです（笑）。でも「もっと国防について勉強しなければ」と思うところがあって、防衛省の市ヶ谷台ツアーのガイドをしていた時期がありました。最初は分厚いマニュアルを丸暗記して

葛城奈海（かつらぎ・なみ）

やおよろずの森代表、防人と歩む会会長、キャスター、俳優。東京大学農学部卒。自然環境問題・安全保障問題に取り組む。元は女優をメインに活動していたという経歴を持つ予備自衛官。著書（共著）に『国防女子が行く』（ビジネス社）など。

お客さんに説明していたのですが、自分の発している言葉が「借り物だな」というモヤモヤした思いが湧いてきました。現職の自衛官に聞いた話を、私なりに咀嚼してお伝えしたりもしたのですが、自分の身体で体験していない言葉は薄っぺらく感じました。そんな時に、知り合いの女性自衛官に「今度、一般人でも規定の訓練を積めば予備自衛官になれる制度が始まりますよ」と教えてもらったことをきっかけに、思い切って応募したんです。

——予備自補の訓練はどれくらい行われるのですか？

一般枠の場合、3年以内に50日の訓練を行います。医師や通訳など技能のある人は別の採用枠となっていて2年以内に10日間の訓練となります。この訓練を経て階級がもらえ、予備自衛官になります。

——ギャップはありませんでしたか？

最初に驚いたのは、どう見ても「軍手」なのに「手袋」って呼ぶことでした（笑）。軍艦といわず護衛艦と呼ぶのと同じで、なるべく「軍」という言葉を使いたくないんですね。といっても海自は普通に「軍手」って呼ぶらしいですけど。

——訓練はどうでした？

まずは、基本教練が行われます。64式小銃の分解結合は機械音痴の私には大変なことでした。あまりにもできないので、個人的に課外授業をやってもらったくらいです。その小銃を持っての戦闘訓練も行いました。匍匐《ほふく》前進で進み、最後に突撃するという流れを何度もやります。行進訓練も2回行いました。最初は10日目に10キロ行進、次に25キロ行進。古い背のうで腕がうっ血してしまうので、足より腕がきつかったですね。実弾射撃訓練で、はじめて銃を撃った時のことは、よく覚えています。「本当に出た！」って。恐怖よりも、私がどうにか組み立てた銃からちゃんと弾が出た喜びの

個人的に第1空挺団で研修した時の1枚。

方が大きかったです。

――苦労されて予備自になったんですね（笑）。

それほどでもありませんが（笑）、2004年から予備自になりました。そこからは、毎年5日間、訓練に参加しています。この訓練は、乳幼児がいる母親とか、お仕事のある方など「連続出頭（参加）」が難しい人は「分割出頭」もできます。でも分割すると、だぶってしまうプログラムがあったり、逆にできないものがあったりするので、私は4泊5日の連続出頭を毎年選んでいます。

――実際に銃を持って国を守る人になって、心境の変化はありましたか？

予備自補の一期生として勇んで入っただけに、当初は中の様子に「がっかり」することがありました。それは一部の元自衛官の予備自の方の態度。例えば、訓練に来たはずなのに課業が始まった途端に寝てしまい、宴会では元気になっちゃう人とか（笑）。要するに「訓練に来てやってるんだぜ」って態度の人が結構いたん

部隊の一員として、現職自衛官とともに任務につくというもの。

ですよ。それまではかっこいい自衛官しか見てなかったから、落差が大きかったんです。

——それはショックでしたね。

はい。でも「この人たちがこうなったのは、国民の目のせいでもあるのでは」と感じました。というのも、ちょっと前まで、自衛官イコール税金泥棒とか人殺しと、面と向かっていわれるような時代があったんですよね。当時、自衛官だった方々は、自分たちが守っているはずの人たちからそういわれてしまう状況の中で、自分の仕事に誇りを持ち続けて積極的に任務に就くことが、その人たちに限らず、とても難しかったのではないかと思います。

それならば、遠回りかもしれないけれど、国を守る人に対する国民の意識を変えていくことの方が大切なんじゃないか、と強く考えるようになりました。

——近年、東日本大震災などにおける災害派遣で自衛官が活躍する姿を国民が目にする機会が増えています。自衛隊入隊の動機としても「災害派遣での姿を見て」が多くなっているそうですね。

災害自体は不幸なことですが、災害派遣での姿を見て自衛官が応援されるようになったのは確かだと思います。予備自の空気感も随分変わりました。国民から見られ、期待されてるのが分かったことも強く影響していると思います。自衛官や予備自衛官の姿って「国民の国を思う気持ちの写し鏡」なのでしょうね。

——とはいえ、訓練のために毎年5日間も会社を休むのは現実問題、大変そうです。

会社の上司から「帰って来たら席がないと思え」と言われ、残念ながら続けられなかった人もいました。対照的にフランス系の企業に勤めていた同期は「誇りのある任務なんだから堂々と行ってこい」と気持ち良く送り出してもらったそうです。国によって意識が全く違うんですね。自衛隊の是非などの議論はありますが、まずは今、自分たちを守るために日々任務に就く人たちがいる、という事実を国民が知ることが大切だと思っています。

Memo ほかに「即応予備自衛官」という制度がある。彼らの役割は、防衛招集命令などを受けて自衛官となり、第一線

定年の瞬間は「なんとかやり遂げた」という安心感が大きかった

西東 修

「精鋭無比」を目標に掲げ、日々過酷な訓練に挑む、日本唯一のパラシュート降下部隊である第1空挺団（千葉県）。その第1空挺団に飛び込み、生涯を同じ部隊で過ごした生粋の「空挺野郎」こと、西東修さん。その過酷な自衛官時代のエピソードをまじえつつ「自衛官の矜持」について伺ってみた。

――第1空挺団は、入団も難しいとされています。最初から希望されたんですか？

いえ全く。東京の品川生まれだったので、地元に近い市ヶ谷駐屯地に勤務できたらいいなくらいにしか考えていませんでした。ところが前期教育を受けてる最中に、空挺の募集があったんです。実は、入隊前から映画の『史上最大の作戦』やTVドラマの『コンバット！』などを観て、空挺部隊にちょっと憧れてはいたんです。「どうせ無理だろうけど、受験だけはしてみよう」と受けたら、受かっちゃったんです（笑）。

――そこから、定年まで空挺部隊を勤め上げた、叩き上げの「空挺野郎」ですよね（笑）。

とにかく最初はビビりましたね。集まってくるのがみんな凄い奴ばかりなんです。体力検定オール1級とか普通です。ちなみに私は3級。「やっていけるかな」と不安に思いました。

自衛隊入隊直後と、制服に着替えた直後。西東さんの同期たち。そのあまりの変わりっぷりに驚かされる。

――パラシュートで飛行機から跳び降りる「空挺降下」を学ぶんですよね？

新隊員教育が終わると、そのまま空挺教育隊に入って、基本降下課程という5週間の教育を受けます。最初に11mの高さの跳出塔から跳び降ります。これが試

めの訓練。過酷なことで有名。

験なんですよ。跳び出せなかったら「よその部隊に行け」と追い出されてしまう。人間が恐怖心を抱き始める高さが11mといわれていて、これ以上高くても恐怖心そのものは大して変わらないし、これ以上低いと恐怖心が和らいでしまう。実をいうと、私は目をつむってしまいました。教育では11mの跳出塔の後、83mの降下塔訓練を体験してから実降下なのですが、私の場合は降下塔なしでいきなり実機からの降下でした。

――あと、空挺団というと欠かせないのが日本一過酷な空挺レンジャー課程教育ですよね？

西東 修（さいとう・おさむ）

生まれも育ちも東京。高校卒業後、陸上自衛隊に入隊。第1空挺団に所属し定年まで勤め上げた元幹部自衛官。ソマリア沖の海賊対策部隊派遣の一員としてジブチに赴任した経験も。定年後は都内の会社に勤務、予備自衛官として「現役」でもあり続ける。

第1空挺団の場合、他の部隊とは異なり、陸曹になったらレンジャーは必修なんです。だから、入った時点で、それなりの気持ちと体力の準備はします。とはいえ、最初に体力検定に受からなければ、教育にすら参加できません。また、教育の途中でリタイヤして帰ってくると、先輩たちからの圧力が非常に強くなる（笑）。なんとか受からなくてはなりません。必死でしたね。

レンジャー課程教育には各種技術を学ぶ基礎訓練と野外で各種状況に対応する想定訓練があります。想定訓練では、ほぼ飲まず、食わず、寝ずの状況が続きます。ハッとして目を開いた瞬間、自分だけみんなと違う方向に歩いてたなんて当たり前に起こる。さらに意識がもうろうとしてくるから、木が人間に見えてきます。話しかけても返事がないので、触ると木だと分かる。

正直、4、5日だったら、食べないことはなんとかなります。ただ、水が飲めないのはつらいです。泥水でも見かけたら飲んでしまうほどです。歩いていて、飲み

Memo レンジャー教育／天候・気象にかかわらず、長距離かつ数昼夜にわたり諸種の悪条件を克服して任務達成するた

第1空挺団の一員として、さまざまな任務に従事した。

物の空き缶を見つけたら「中に何か入ってないかな」と必ず足で触るんですが、一度だけ重たい感触がありました。缶が膨れていたけれど、封は切られていないオレンジジュースでした。もちろん飲みましたよ。中身はドロドロでしたが、極限に近い状態だからお腹を壊すことはありませんでした。

——壮絶な体験です。

後になって、自分がレンジャー学生の教育を担当する機会があったんです。その時はこうアドバイスしました。「教官助教が怖いからって、食料を隠さないのではなく、何か一つでも隠していれば、それが心のささえになるので挑戦してください」って。例えば実戦で、自分たちが捕まって、どうしてもそこから脱出しなければならないという状況を想定すれば、色んなものを隠しておく必要があるでしょう。敵に見つからないよう隠す術を学ぶことにもなるんです。だから挑戦しろ、とはいいました。ただ、隠し物が見つかったらどうなるか……。もちろんペナルティが課せられます。まあ、どれだけ大変なことになるかは想像にお任せします（笑）。

——レンジャー課程で学ぶ最大のことは何でしょう？

今もお話ししたように想定訓練では飲まず、食わず、寝ずの他に状況という任務が付与されます。また、任務遂行のための装具も一人40～50kgくらいになります。意識朦朧、空腹状態で道なき道を重い装具を担ぎひたすら歩く。季節によっては極端に暑かったり，寒かったりもします。この極限状態の中で的確に地形を判読し、決められた時間までに目標地点に前進し、与えられた任務を遂行する。この任務を遂行できた。という経験が個人の自信になります。この自信こそがレンジャー課程教育で学ぶ最大の成果だと思います。

——西東さんの自衛隊人生は、まさに東西冷戦の真っ只中をくぐり抜けてきています。国防の最前線にいる

という自負はありましたか？

今は特殊作戦群という特殊部隊があるんですが、それ以前は、第1空挺団が普通の一般部隊がやれないような任務を担ってました。パラシュート降下して地上戦闘をやるだけじゃなくて、要人救出とか、捜索、爆破、スクーバ要員による水路潜入などです。特殊作戦群を立ち上げる時も、空挺団の中から数名の隊員が選抜されたと噂を聞いていています……それ以上はお話しできないですが。

――今の自衛隊をご覧になってどう感じますか？

何よりも、国民の見方が大きく変わりましたね。阪神・淡路大震災が一つのきっかけだったと思います。私は発災2日後に東灘区に入り、給水所を拠点に水を配りました。「自分で運べないお年寄りがいる」と聞いて、水を持っていったのですが、そこの年配の女性が泣きながら「私がこうやって生きていられるのは自衛隊さんのお陰です」とおっしゃって「これを食べて下さい」とお煎餅を渡そうとしてくれるんです。ご自身が食べるものも足りていないのにです。「受け取れません」と丁重にお断りしても「気持ちだから持っていって」と。今でも泣きたくなるくらい嬉しかったです。

――ずっと務められてきて、定年を迎える時は、どんな心持ちでしたか？

実は、定年の何日か前から声が出なくなったんですよ。今、考えてみると定年することへのプレッシャーだったんでしょうね。当日はなんとか声を出してスピーチをしました。「これまで私が、日本を守っていました。私がいたから、日本は平和でした。これからは皆さん一人一人が、俺が日本を守っているんだ。という気持ちで自衛隊生活を務めて下さい」と。寂しくもありましたが「なんとかやり遂げたな」という充実感の方が大きかったですね。

ジブチに赴任した時の1枚。

年表 自衛隊の主な災害派遣

1959 伊勢湾台風

9月26日に和歌山県の潮岬に上陸した巨大台風は、紀伊半島から東海地方にかけて大きな被害を及ぼした。自衛隊は最大1万2000人規模の部隊を派遣。

1964 新潟地震

6月16日、新潟県粟島南方沖40kmを震源として発生した地震で、地震の規模はマグニチュード7・5。陸海空自衛隊が災害派遣され、延べ10万人を投入。

1966 全日空羽田沖墜落事故

2月4日、全日空のボーイング727-100型機が東京湾の羽田空港沖で墜落。合計133人全員が死亡するという単独機としては当時最悪の事故となった。2月4日から同年5月10日にかけて、海上自衛隊の護衛艦隊や横須賀地方隊も災害派遣された。

1974 第十雄洋丸事件

11月9日に起こったLPGタンカー衝突炎上事故。火の勢いが収まらないため、なんと砲撃によりタンカーを撃沈する決断を下す。護衛艦や潜水艦が災害派遣という形で出動し、タンカーに対し、爆弾投下や艦砲射撃、魚雷攻撃を実施（100ページ参照）。

1978 宮城県沖地震

6月12日17時14分44秒に発生したマグニチュード7・4の地震。宮城県仙台市内の住家の被害は全半壊が4385戸、部分壊が8万6010戸に上る。6月19日まで災害派遣された。

1984 長野県西部地震

9月14日8時48分49秒、長野県木曽郡王滝村直下を震源として発生した地震で、マグニチュード6・8。大規模な山崩れに対して第12師団が災害派遣された。

1985 日本航空123便墜落事故

8月12日、日本航空123便（羽田発大阪伊丹行）が、群馬県多野郡上野村の御巣鷹山に墜落。第12師団、第1ヘリコプター団、第1空挺団などが災害派遣された。

1986

三原山の噴火

11月15日、伊豆大島の三原山が噴火。噴火に伴う災害派遣で、陸海空自衛隊延べ約8400人が12月22日までの間災害派遣された。

1991-1995

雲仙普賢岳の噴火

長崎県の雲仙普賢岳が噴火し、住民の避難誘導や復興支援などで、1991年から1995年にわたる長期間の災害派遣となった。住民の足としてAPCが使用された。

1995

阪神・淡路大震災

1月17日に発生したマグニチュード7・3の大地震。多くの建物が倒壊し、火災も発生。死者6434名、行方不明者3名、負傷者4万3792名を出した。防衛省全体で臨んだ初の本格的な災害派遣となった。

1995

地下鉄サリン事件

3月20日に営団地下鉄（現東京メトロ）電車内にて、オウム真理教が起こした化学兵器サリンによる無差別テロ事件。テロ災害被害者の救助及び除染活動のため、第32普通科連隊や第101化学防護隊などが出動。

1996

豊浜トンネル崩落事故

2月10日8時10分頃、北海道古平町側の豊浜トンネル出口付近において岩盤（最大高さ70m・最大幅50m・最大厚さ13m・体積1万1000㎥・重さ2万7000tと推計）が崩落。第11師団が災害派遣され、17日まで活動。

1997

第2白糸トンネル崩落事故

8月25日に発生したトンネルの崩落事故。北海道せたな町側の入口付近で岩盤が崩落し、土砂は海にまで及んだ。第28普通科連隊や第11対戦車隊が災害派遣された。幸い被害者は1人も出ていない事故となった。

1997

ナホトカ号重油流出事故

1月2日未明、島根県隠岐島沖の日本海でロシア船籍のタンカー「ナホトカ」号が沈没、大量の重油が流出した。自衛隊員が油をひしゃくや洗面器ですくっていくという気の遠くなるような作業が行われた。

1999

東海村JCO臨界事故

茨城県那珂郡東海村の株式会社JCOが起こした原子力事故。死者2名と667名の被曝者を出した。この災害に第101化学防護隊などが災害派遣された。

2000

有珠山の噴火

3月31日13時7分、有珠山の西山山麓でマグマ水蒸気爆発が発生。第7師団などに災害派遣要請があり、7月24日までに延べ9万8000人が投入された。

三宅島の噴火

6月26日に三宅島で群発地震が始まり、7月8日18時43分に雄山で水蒸気爆発が発生。その後噴火が頻発、同年9月2日には全島民が避難するという大規模噴火災害となった。自衛隊は現地での避難誘導や関係機関の海上輸送などを行った。

東海豪雨

9月11日から12日に愛知県名古屋市及びその周辺で起こった豪雨災害。中部方面隊を中心に災害派遣され、活動は26日まで続いた。

2001

えひめ丸事件

2月10日8時45分（日本時間）、ハワイ州のオアフ島沖を航行中だった愛媛県立宇和島水産高等学校の練習船「えひめ丸」が、浮上してきたアメリカ海軍の原子力潜水艦「グリーンビル」に衝突され沈没。遺体捜索活動や船体引き揚げのため、潜水艦救難艦「ちはや」が8月10日に日本を出港し、20日現着。同じく派遣されてきたP-3Cとともに活動を行った。

2003

十勝沖地震

9月26日4時50分07秒に十勝地方を襲った大地震。自衛隊に災害派遣要請が下り、第5師団や第7師団が活動を行った。

2005

福岡県西方沖地震

3月20日10時53分に福岡県北西沖の玄界灘で発生した最大震度6弱の大地震。陸海空自衛隊が災害派遣された。

JR福知山線脱線事故

4月25日にJR西日本の福知山線塚口駅～尼崎駅間で発生した列車脱線事故。運転士と乗客を合わせて、107名が死亡した。第3師団に災害派遣要請が下った。

2007

鳥インフルエンザ（防疫事業）

茨城県で鳥インフルエンザに感染した約86万羽の内43万羽の鶏処分を行うため、第1施設団等へ災害派遣要請が行われた。延べ約2000名、車両250両を投入し、44万羽を処分した。

新潟県中越沖地震

7月16日10時13分23秒に発生した、新潟県中越地方沖を震源とするマグニチュード6・8の大地震。第12旅団に対し災害派遣が要請された。

能登半島地震

3月25日9時41分58秒に石川県輪島市西南西沖40㎞の日本海で発生したマグニチュード6・9の大地震。同日11時8分に石川県知事から陸上自衛隊金沢駐屯地司令あてに災害派遣要請がされる。だがこの時、自衛隊はすでに自主派遣をし情報収集を行っていたため、スムーズな展開ができた。

2008

岩手・宮城内陸地震

6月14日8時43分頃、岩手県内陸南部で発生した、マグニチュード7・2の地震。自衛隊に災害派遣要請があり、東北方面隊の各部隊等が出動した。

2009

八戸地域大規模断水事故

1月1日から6日の間に青森県八戸市をはじめ8市町で発生した大規模断水事故。自衛隊は給水作業を行った。

2010

日本における口蹄疫の流行

宮崎県を中心に広まった牛、豚、水牛の伝染病、口蹄疫。第8師団を中心に、病気にかかった家畜の殺処分、埋没処理用の採掘作業、消毒作業を行った。

2011

東日本大震災

3月11日14時46分に発生したマグニチュード9・0の大地震。その後に発生した津波により被害は拡大、死者は約1万5000名に及んだ。現役の自衛官17万人は元より、予備自衛官まで動員する史上最大の救援・支援活動が行われた。

2014

御嶽山噴火

9月27日11時52分に発生した、長野・岐阜県境にある御嶽山の噴火災害。登山者ら58名が死亡、戦後最悪の火山災害となった。火山灰で真っ白く覆われた御嶽山の山頂で、捜索活動を行う自衛隊、消防、警察の姿は連日マスコミに報じられた。なお、捜索隊を噴石から守るため、89式装甲戦闘車が派遣されたことでも話題を集めた。

2016

熊本地震

4月14日21時26分に熊本県と大分県を襲った大地震。4月16日未明（後にこちらが本震となる）にも巨大な揺れが複数回発生している。F-2戦闘機や護衛艦など、陸海空自衛隊が一丸となって対応に当たる東日本大地震以来の対応となった。

鳥取県中部地震

10月21日14時7分に鳥取県中部で発生したマグニチュード6・6の地震。19時22分に自衛隊に災害派遣要請が出された。

2018

大阪府北部地震

6月18日7時58分、大阪北部を震源とした大きな揺れ。地震の規模はマグニチュード6・1。地震発生直後の8時00分に防衛省内に災害対策本部が立ち上がるなど、迅速な対応が注目を集めた。12時に大阪府知事から災害派遣要請が出されると、準備をしていた事もあり、その1分後には救援部隊が出動していった。

平成30年7月豪雨

6月28日から7月8日にかけて西日本や中部地方を襲った大雨による浸水等の被害。日に日に死者は増えていき、200名を超えた。自衛隊は捜索から生活支援まで幅広い災害派遣活動を実施した。

第5章

自衛隊の歴史「これまで」と「これから」

第二次世界大戦後、軍を解体した日本で、朝鮮戦争を機に誕生した警察予備隊。それが自衛隊へと名称を変え、冷戦時代、そして現在の緊迫したアジア情勢の中、その時々の役割を全うしてきた歴史を振り返り、さらに「これから」の自衛隊について、ちょっと硬派に考察をめぐらせます。

警察予備隊から自衛隊の誕生

1945年9月2日、日本の降伏文書の調印式を受け、これまで有していた陸軍や海軍は解体された。ちなみに、日米双方が撒いた機雷が日本列島周辺に無数に存在していたので、それらを処分するため、掃海部隊のみ、そのまま残った。

同年12月1日、陸軍省は第一復員省、海軍省は第二復員省へと改組され、戦地から日本への引揚援護や戦傷病者の受け入れ、戦没者遺族対応などを行った。'46年6月15日、2つの復員省は統合され、復員庁となり、第1復員局、第2復員局を置く2局制とした。翌年10月15日、復員庁は廃止、第1復員局は厚生省へ、第2復員局は総理府直属となった（後にこちらも厚生省に引き継がれる）。実に慌ただしい動きだった。

このような状況の中、'50年6月25日、朝鮮戦争が勃発する。中国の毛沢東、ソ連のスターリンの支援を受けた北朝鮮の金日成が、韓国に戦争を仕掛けた。アジアが共産主義に染まることを防ぐため、アメリカは日本再軍備化を推し進めることとなった。同年8月10日、GHQはポツダム政令の一つとして「警察予備隊令」を発令。これを受けて、警察予備隊が発足した。「警察」と冠しているが、最初から軍事組織を目指していた。終戦直後に再び軍隊を作るとなると、国内外の反発が懸念された。そこで、戦車も「特車」と呼ぶなど、なるべく戦争の匂いを感じさせない言葉のトリックを用いた。

話は前後するが、不法入国船舶を監視し、日本沿岸部の治安維持を目的として、'48年5月1日、運輸省の外局として海上保安庁が発足した。この前年に復員庁が廃止になったため、第2復員局の掃海部隊は、海上保安庁へと引き継がれた。

朝鮮戦争当時、北朝鮮軍が大量の機雷を朝鮮半島周辺に敷設していた。国連軍の掃海艇だけでは数が足りず、'50年10月6日、日本の掃海部隊に派遣を求めた。これを受けて、日本特別掃海隊が組織され、1200名の日本人が再び戦地へと赴くことになった。任務は過酷かつ危険であった。27個の機雷を処分したものの作業中に掃海艇1隻が触雷し沈没。〝戦死〟者1名と重軽傷者18名を出した。

'52年8月1日、保安庁が設置された。これに伴い、海上警備隊は、警備隊として保安庁へと移管される。警察予備隊はそのままの名称で保安庁へと移管されるが、同年10月14日、保安隊と改称する。'54年7月1日、防衛庁設置法並びに自衛隊法が施行され、保安隊は陸上自衛隊、警備隊は海上自衛隊となる。新たに航空自衛隊も創設した。ここから陸海空自衛隊の歴史が始まった。

東西冷戦から防衛省設置まで

目と鼻の先に東側陣営のドンであるソ連が構える日本は、アメリカにとって極東地域の砦でもあった。陸海空自衛隊は、米軍から武器を供与され、各部隊を作り上げていった。

当時のアメリカは、ソ連海軍の潜水艦を特に脅威と感じており、海自に高い対潜能力を求めた。対潜戦の洋上基地とすべく、空母を貸与する話もあったが、さすがに時代がそれを許さなかった。しかしながら、ヘリコプターを3機も搭載できる世界でも珍しい「はるな」型や「しらね」型護衛艦を建造した。

陸自では、ソ連陸軍の大戦車部隊に対するため、供与された大戦中の米軍戦車などで訓練を重ね、冷戦時代に61式戦車、74式戦車、90式戦車と3世代の戦車を造り上げた。空自も同じく、米軍より輸送機から戦闘機まで供与されていった。

東西冷戦はこうやって自衛隊を育てていった。

しかし、核戦争の危機すらあった東西冷戦は、'89年のベルリンの壁崩壊、'91年のソビエト連邦解体を象徴に、あっけなく幕を閉じた。そして世界は対テロ戦争に突入。2001年9月11日のニューヨーク同時多発テロは世界を震撼させた。自衛隊も東西冷戦型の組織編成を改め、従来の大規模戦闘だけでなく、都市部での市街地戦闘を含めた新しい戦術を作った。

'07年1月9日、防衛庁は防衛省へと格上げされた。この頃から、新たな日本の脅威となってきたのが北朝鮮と中国だ。特に中国軍の拡大は著しかった。これまでの東西冷戦型の北方重視の防衛ではなく、南西重視へとシフトする必要があった。新しい脅威に対して部隊を形作る間にも、北朝鮮は弾道ミサイルを何度も発射し、中国は日本南西諸島部の領空・領海付近での示威行動を行い、ロシアは北方領土を軍事拠点化するなど、日本を取り巻く国際情勢は厳しさを増していった。

もはや従来型の部隊配置や装備では、脅威に太刀打ちできない。現在、日本は、東西冷戦当時に匹敵する、いやそれ以上の危機に瀕している。

指揮系統を抜本的に見直す陸自

陸上自衛隊は、これまでも部隊の改編や新設は行ってきたが、抜本的改革に着手する。それが「陸上総隊」の創設だった。空自は「航空総隊」、海自は「自衛艦隊」と、それぞれ総司令部を有していたが、陸自だけが欠落していた。

従来は陸上幕僚長の下に、北部方面隊、東北方面隊、東部方面隊、中部方面隊、西部方面隊の5つの方面隊を置き、方面隊ごとに管轄地域を分け、日本列島を基盤的にくまなく防衛警備する方法をとってきた。「陸上総隊」はこの5つの方面隊を一元管理する司令部となる。米軍との調整も「陸上総隊」が行うことになり、日米共同による作戦展開をする際も効率よく行えるようになった。

これに伴い廃止された中央即応集団（CRF：Central Readiness Force）は、'07年3月に創設され、特殊作戦群、第1空挺団、第1ヘリコプター団、中央即応連隊、中央特殊武器防護隊、対特殊武器衛生隊、国際活動教育隊で構成されていた。

基盤的に日本を守る方面隊に対し、中央即応集団は、管轄地域を持たず、戦力が必要とされる場所へと展開し増強していく。その活動範囲は国内にとどまらず、海外も含まれる。ＰＫＯ活動や国際緊急援助活動では、まず先遣隊として現地に入り、その後、派遣される後続の各部隊と共に活動していく。発足間もなく、南スーダン、ジブチ、ハイチと海外派遣を経験。国内では東日本大震災の際、福島第一原子力発電所の事故対処を行った。もうもうと煙を上げる建屋に対し、冷却のため放水を行ったのもこの部隊だ。数々の輝かしい実績を持つが、わずか10年で、その歴史の幕を閉じた。

中央即応集団こそなくなったが、集団を構成していた各部隊はそのまま「陸上総隊」直轄部隊となった。これに加え、日本版海兵隊こと、水陸機動団が新設された。元となった部隊は、西部方面隊直轄部隊だった「西部方面普通科連隊」だ。水陸機動団本部は、西部方面普通科連隊のあった相浦駐屯地（長崎県）に置かれる。

陸上総隊にはその他、これまで防衛大臣直轄部隊であった、システム通信団、中央情報隊も移籍してきた。システム通信団は、防衛省内に置かれている通信部隊で、陸自通信部隊の中で最大規模の部隊だ。情報流出を防ぐセキュリティ全般を担当する通信保全監査隊、サイバーテロを防ぐシステム防護隊などが内包されている。中央情報隊は、陸自を代表する情報・偵察（内偵）機関だ。基礎情報隊、地理情報隊、情報処理隊、現地情報隊（ヒューミント部隊）などが内包されている。

海自は増強、空自はF-35Aを配備

中国海軍は、尖閣諸島周辺で嫌がらせのような示威行動を続けており、毎日のように中国公船と海保巡視船が追いかけっこをしている。それを遠巻きに中国海軍艦艇が高みの見物を決め込み、海自護衛艦が警戒する。こうした南西部での警戒監視、そしてジブチでの海賊対処行動に代表される国外での活動、弾道ミサイル防衛、諸訓練など、護衛艦はヘビーローテーションとなり、いよいよ数が足りず、増勢することが決まった。

今後、護衛艦は47隻から54隻体制となる。その中のイージス艦については、6隻から8隻とし、すべて弾道ミサイル防衛対処が可能な状態になる。既存の護衛艦は近代化改修を行い、延命を図るとともに多用途任務対応型護衛艦を新造。さらに哨戒ヘリは76機から80機体制へ。潜水艦は16隻から22隻体制へと変わる。

一番大きく変わるのが掃海部隊だ。掃海艇の隻数は25隻から18隻へと減勢するが、その代わりに輸送艦で構成される第1輸送隊が掃海隊群へと移籍してきた。水陸両用戦と機雷戦が掃海部隊の担当となった。

空自では待ちに待った新装備である最新鋭のステルス戦闘機F-35Aの配備が始まった。'17年度予算までで28機が調達されている。最終的に42機配備する計画となっており、さらに追加発注を行うことも決めた。百里基地（茨城県）に配置されていたF-4ファントムで構成される第301飛行隊並びに第302飛行隊は、2020年までに、F-35A飛行隊となり、三沢基地（青森県）へと拠点を移す。

空自も海自同様に増勢していくことを決めている。12個戦闘機部隊は13個飛行隊体制となり、これに伴い、戦闘機自体の配備数を260機から280機へと増やす。

中国軍機に対するスクランブル発進の回数増加に伴い、これまで手薄だった南方防空強化体制へと改める。そのため'16年に那覇基地にあった第83航空隊を拡大改編し、第9航空団となった。1個飛行隊体制であったが、F-15J／DJを配備する第204飛行隊と第304飛行隊の2個飛行隊体制とした。

'14年には那覇基地に、早期警戒機E-2Cの新しい部隊である第603飛行隊が発足した。南方防空強化は、さらに進んでいくものとなるだろう。

ミサイル防衛強化へ

喫緊の課題は、やはり北朝鮮の弾道ミサイルにどう対処すべきかということだ。

弾道ミサイルが宇宙空間へ飛び出したところを「こんごう」型イージス艦のSM-3ミサイルで撃墜。それに失敗した時は、大気圏に再突入した弾頭を地表に落ちる直前にＰＡＣ‐３で撃墜。この２段構えは変わらない。ＳＭ‐３を最新バージョンであるＳＭ‐３ブロックⅡＡへ、ＰＡＣ‐３は飛距離が長いＰＡＣ‐３ＭＳＥへと、それぞれ能力向上を図る。

現在海自は弾道ミサイル防衛対応可能なイージス艦を４隻しか保有していない。こんごう型の「こんごう」「きりしま」「みょうこう」「ちょうかい」だ。そこで「あたご」「あしがら」からなる２隻のあたご型を改修、既存のイージス艦を６隻とした上、まや型として新たに２隻を就役させ、計８隻体制とする。

新たに話が出ているのが、巡航ミサイルの配備だ。射程の長い巡航ミサイルを日本が配備することは「専守防衛」を掲げる日本の防衛戦力を根底から崩しかねないと一部で懸念されている。'17年、当時の小野寺防衛大臣は、ミサイル防衛に当たっているイージス艦を守るために、敵のミサイル射程圏外から敵艦艇を攻撃するために必要であると説明している。今のところ航空機搭載型の巡航ミサイルＪＳＭもしくはＪＡＳＳＭを購入する計画だ。

'23年を目標として新たに配備を計画しているのが「イージス・アショア」だ。陸上設置型イージスともいう。こうして、〝陸海イージス〟により日本列島をしっかりとガードしていくこととなる。

人材の確保が急務

このように陸海空自衛隊は、最新装備を揃えている一方で、深刻な問題に直面している。少子高齢化に伴い、自衛官のなり手不足に頭を悩ませているのだ。２０１８年３月、防衛省は４年連続で定員割れしていることを明かした。いかに高性能な兵器であっても、それを運用する人員がいなければ動かせない。そこで、苦肉の策として、27歳までとしていた入隊条件を32歳に引き上げた。また、体重制限もＢＭＩ28までという制限をＢＭＩ30とし〝ぽっちゃり〟程度の肥満であれば受け入れることとした。

東西冷戦以来の危機的状況に面している日本にとって、優秀な人材をいかに獲得していくかが、最も重要な任務となっている現状がある。

自衛隊年表

平成30年版防衛白書から抜粋

年	和暦	月日	事項
1945	昭20	8月15日	終戦
		10月15日	参謀本部・軍令部廃止
		11月30日	陸・海軍省廃止
1947	昭22	5月3日	日本国憲法施行
		12月17日	警察法公布（国家地方警察、自治体警察設置）
1950	昭25	6月25日	朝鮮戦争（～'53年7月27日）
		7月7日	朝鮮派遣の国連軍創設
		7月8日	マッカーサー元帥、警察予備隊（7万5000人）創設、海上保安庁8000人増員を許可
		8月10日	警察予備隊令公布・施行
		8月13日	警察予備隊一般隊員募集開始
1951	昭26	3月1日	陸士・海兵等出身者（1、2等警察士要員）特別募集開始
1952	昭27	4月26日	海上保安庁に海上警備隊発足
		4月28日	対日講和・日米安全保障条約発効
		7月31日	保安庁法公布
		8月1日	保安庁設置、吉田首相、保安庁長官を兼務、警備隊発足
		10月15日	保安隊発足
1953	昭28	4月1日	保安大学校（後の防衛大学校）開校
		7月27日	朝鮮休戦協定署名
1954	昭29	6月2日	参議院、自衛隊の海外出動禁止決議
		7月1日	防衛庁設置、陸・海・空自衛隊発足
1960	昭35	1月19日	日米安全保障条約署名（6月23日発効）
1961	昭36	1月13日	「陸上自衛隊の部隊改編」（13個師団への改編）を国防会議が決定、1月20日閣議報告
		8月13日	ベルリンの壁構築
1962	昭37	10月15日	61式戦車、初納入
1965	昭40	2月7日	米軍、北ベトナム爆撃開始
1969	昭44	11月21日	佐藤・ニクソン共同声明（安保条約継続、72年沖縄返還）
1973	昭48	1月27日	ベトナム和平協定署名（1月28日停戦）
		3月29日	米軍、ベトナム撤兵完了

西暦	年号	月日	出来事
1979	昭54	12月27日	ソ連、アフガニスタン侵攻
1980	昭55	2月26日	海自、リムパックに初参加（～3月18日）
		9月22日	イラン・イラク両国、本格的交戦状態に入る
1981	昭56	10月1日	陸自、初の日米共同訓練（通信訓練）（～10月3日）
1985	昭60	8月12日	日航機墜落事故、災害派遣実施
1988	昭63	8月20日	イラン・イラク紛争、停戦成立
1991	平3	1月17日	多国籍軍によるイラク及びクウェートへの空爆開始、「砂漠の嵐」作戦開始
1993	平5	3月25日	イージス艦「こんごう」就役
		5月29日	北朝鮮、日本海中部に向け弾道ミサイルの発射実験実施
1998	平10	3月26日	即応予備自衛官制度導入
		8月31日	北朝鮮、わが国上空を越える弾道ミサイル発射

西暦	年号	月日	出来事
2001	平13	9月11日	米国同時多発テロ
2003	平15	12月26日	空自先遣隊要員、クウェートへ出発
2004	平16	2月9日	海自派遣海上輸送部隊、クウェートへ出発（～4月8日帰国）
2007	平19	1月9日	防衛庁が防衛省に改められる
2009	平21	7月4日	北朝鮮、日本海に向けて計7発の弾道ミサイル発射
2011	平23	3月11日	東日本大震災発生、大規模震災災害派遣（～8月31日）
		3月12日	東日本大震災による原子力災害派遣（～12月26日）
		5月2日	オバマ米国大統領、国際テロ組織「アルカイダ」指導者のウサマ・ビン・ラーディンを殺害と発表
2016	平28	1月21日	米国がアフガンで対ＩＳＩＬ空爆を開始
2018	平30	5月26日	南北首脳会談
		6月12日	米朝首脳会議

陸上自衛隊の編成

- 防衛大臣
  - 北部方面隊
    - 北部方面総監部（札幌）
    - 第2師団
      - 師団司令部（旭川）
      - 第3普通科連隊（名寄）
      - 第25普通科連隊（遠軽）
      - 第26普通科連隊（留萌）
      - 第2戦車連隊（上富良野）
      - 第2特科連隊（旭川）
      - 第2後方支援連隊（旭川）
      - その他の部隊
    - 第5旅団
      - 旅団司令部（帯広）
      - 第4普通科連隊（帯広）
      - 第6普通科連隊（美幌）
      - 第27普通科連隊（釧路）
      - 第5特科隊（帯広）
      - 第5後方支援隊（帯広）
      - その他の部隊
    - 第7師団
      - 師団司令部（東千歳）
      - 第11普通科連隊（東千歳）
      - 第71戦車連隊（北千歳）
      - 第72戦車連隊（北恵庭）
      - 第73戦車連隊（南恵庭）
      - 第7特科連隊（東千歳）
      - 第7高射特科連隊（静内）
      - 第7後方支援連隊（東千歳）
      - その他の部隊
    - 第11旅団
      - 旅団司令部（真駒内）
      - 第10普通科連隊（滝川）
      - 第18普通科連隊（真駒内）
      - 第28普通科連隊（函館）
      - 第11特科隊（真駒内）
      - 第11後方支援隊（真駒内）
      - その他の部隊
  - 陸上総隊
    - 陸上総隊司令部（朝霞）
    - 第1空挺団（習志野）
    - 水陸機動団（相浦）
    - 第1ヘリコプター団（木更津）
    - システム通信団（市ヶ谷）
    - 中央即応連隊（宇都宮）
    - 特殊作戦群（習志野）
    - その他の部隊
  - 陸上幕僚長
  - 陸上幕僚監部
  - 中部方面隊
    - 中部方面総監部（伊丹）
    - 第3師団
      - 師団司令部（千僧）
      - 第7普通科連隊（福知山）
      - 第36普通科連隊（伊丹）
      - 第37普通科連隊（信太山）
      - 第3特科隊（姫路）
      - 第3後方支援連隊（千僧）
      - その他の部隊
    - 第10師団
      - 師団司令部（守山）
      - 第14普通科連隊（金沢）
      - 第33普通科連隊（久居）
      - 第35普通科連隊（守山）
      - 第10特科連隊（豊川）
      - 第10後方支援連隊（春日井）
      - その他の部隊
    - 第13旅団
      - 旅団司令部（海田市）
      - 第8普通科連隊（米子）
      - 第17普通科連隊（山口）
      - 第46普通科連隊（海田市）
      - 第13特科隊（日本原）
      - 第13後方支援隊（海田市）
      - その他の部隊
    - 第14旅団
      - 旅団司令部（善通寺）
      - 第15即応機動連隊（善通寺）
      - 第50普通科連隊（高知）
      - 第14後方支援隊（善通寺）
      - その他の部隊
  - 東部方面隊
    - 東部方面総監部（朝霞）
    - 第1師団
      - 師団司令部（練馬）
      - 第1普通科連隊（練馬）
      - 第32普通科連隊（大宮）
      - 第34普通科連隊（板妻）
      - 第1特科隊（北富士）
      - 第1後方支援連隊（練馬）
      - その他の部隊
    - 第12旅団
      - 旅団司令部（相馬原）
      - 第2普通科連隊（高田）
      - 第13普通科連隊（松本）
      - 第30普通科連隊（新発田）
      - 第12特科隊（宇都宮）
      - 第12ヘリコプター隊（相馬原）
      - 第12後方支援隊（新町）
      - その他の部隊
    - 第2高射特科群（松戸）
    - 第1施設団（古河）
      - 第4施設群（座間）
      - 第5施設群（高田）
      - その他の部隊
    - 東部方面混成団（武山）
      - 第31普通科連隊（武山）
      - 第48普通科連隊（相馬原）
      - その他の部隊
    - 東部方面航空隊（立川）
    - その他の部隊

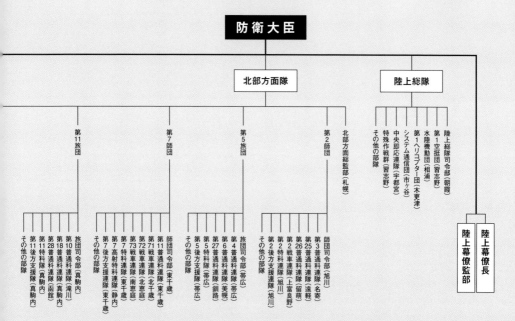

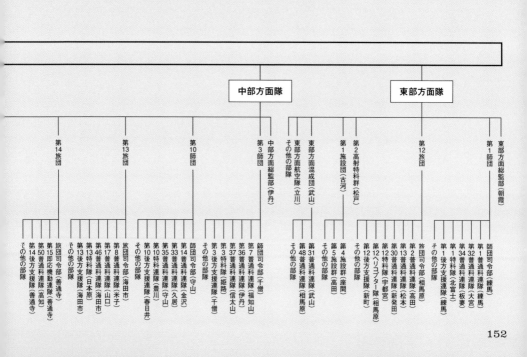

全体編成図

- 防衛大臣
  - 統合幕僚長
  - 統合幕僚監部
  - 陸上自衛隊
  - 海上自衛隊
  - 航空自衛隊

- 第1特科団(北千歳)
  - 第1地対艦ミサイル連隊(北千歳)
  - 第2地対艦ミサイル連隊(美唄)
  - 第3地対艦ミサイル連隊(上富良野)
  - 第1特科群(北千歳)
  - 第4特科群(上富良野)
  - その他の部隊
- 第1高射特科団(東千歳)
  - 第1高射特科群(東千歳)
  - 第4高射特科群(名寄)
  - その他の部隊
- 第3施設団(南恵庭)
  - 第12施設群(岩見沢)
  - 第13施設群(幌別)
  - 第14施設群(上富良野)
  - その他の部隊
- 北部方面混成団(東千歳)
  - 第52普通科連隊(真駒内)
  - その他の部隊
- 北部方面航空隊(丘珠)
- その他の部隊

東北方面隊

- 東北方面総監部(仙台)
- 第6師団
  - 師団司令部(神町)
  - 第20普通科連隊(神町)
  - 第22普通科連隊(多賀城)
  - 第44普通科連隊(福島)
  - 第6特科連隊(郡山)
  - 第6後方支援連隊(神町)
  - その他の部隊
- 第9師団
  - 師団司令部(青森)
  - 第5普通科連隊(青森)
  - 第21普通科連隊(秋田)
  - 第39普通科連隊(弘前)
  - 第9特科連隊(岩手)
  - 第9後方支援連隊(八戸)
  - その他の部隊
- 東北方面特科隊(仙台)
  - 第4地対艦ミサイル連隊(八戸)
  - その他の部隊
- 第2施設団(船岡)
  - 第10施設群(船岡)
  - 第11施設群(福島)
  - その他の部隊
- 東北方面混成団(仙台)
  - 第38普通科連隊(多賀城)
  - その他の部隊
- 東北方面航空隊(霞目)
- その他の部隊

- 第8高射特科群(青野原)
- 第4施設団(大久保)
  - 第6施設群(豊川)
  - 第7施設群(大久保)
  - その他の部隊
- 中部方面混成団(大津)
  - 第47普通科連隊(海田市)
  - 第49普通科連隊(豊川)
  - その他の部隊
- 中部方面特科隊(松山)
- 中部方面航空隊(八尾)
- その他の部隊

西部方面隊

- 西部方面総監部(健軍)
- 第4師団
  - 師団司令部(福岡)
  - 第16普通科連隊(大村)
  - 第40普通科連隊(小倉)
  - 第41普通科連隊(別府)
  - 第4特科連隊(久留米)
  - 第4後方支援連隊(福岡)
  - その他の部隊
- 第8師団
  - 師団司令部(北熊本)
  - 第42即応機動連隊(北熊本)
  - 第12普通科連隊(国分)
  - 第43普通科連隊(都城)
  - 第8後方支援連隊(北熊本)
  - その他の部隊
- 第15旅団
  - 旅団司令部(那覇)
  - 第51普通科連隊(那覇)
  - 第15高射特科連隊(八重瀬)
  - 第15ヘリコプター隊(那覇)
  - 第15後方支援隊(那覇)
  - その他の部隊
- 西部方面特科隊(湯布院)
  - 第5地対艦ミサイル連隊(健軍)
  - 西部方面特科連隊(北熊本)
  - その他の部隊
- 第2高射特科団(飯塚)
  - 第3高射特科群(飯塚)
  - 第7高射特科群(竹松)
  - その他の部隊
- 第5施設団(小郡)
  - 第2施設群(飯塚)
  - 第9施設群(小郡)
  - その他の部隊
- 西部方面混成団(相浦)
  - 第19普通科連隊(福岡)
  - 第24普通科連隊(えびの)
  - その他の部隊
- 西部方面戦車隊(玖珠)
- 西部方面航空隊(高遊原)
- その他の部隊

- 教育訓練研究本部(目黒)
- 補給統制本部(十条)
- その他の部隊・機関

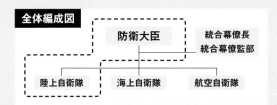

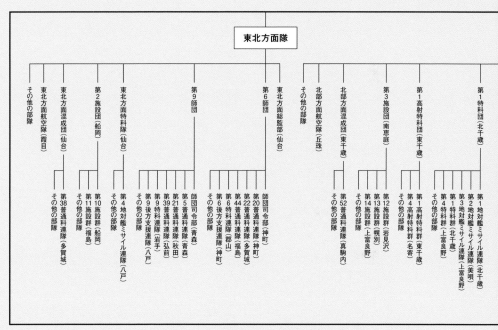

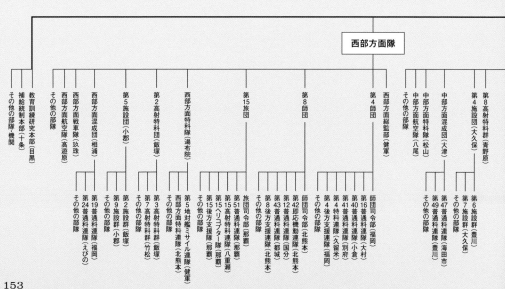

海上自衛隊の編成

- 防衛大臣
  - 海上幕僚長
  - 海上幕僚監部
  - 自衛艦隊
    - 護衛艦隊
      - 司令部（横須賀）
      - 第1護衛隊群（横須賀）
        - 第1護衛隊（横須賀）
        - 第5護衛隊（佐世保）
      - 第2護衛隊群（佐世保）
        - 第2護衛隊（佐世保）
        - 第6護衛隊（横須賀）
      - 第3護衛隊群（舞鶴）
        - 第3護衛隊（舞鶴）
        - 第7護衛隊（大湊）
      - 第4護衛隊群（呉）
        - 第4護衛隊（呉）
        - 第8護衛隊（佐世保）
      - 海上訓練指導隊群（横須賀）
        - 横須賀海上訓練指導隊
        - 呉海上訓練指導隊
        - 佐世保海上訓練指導隊
        - 舞鶴海上訓練指導隊
        - 大湊海上訓練指導隊（むつ）
        - 誘導武器教育訓練隊（横須賀）
      - 第11護衛隊（横須賀）
      - 第12護衛隊（呉）
      - 第13護衛隊（佐世保）
      - 第14護衛隊（舞鶴）
      - 第15護衛隊（大湊）
      - 第1海上補給隊（横須賀）
      - 第1海上訓練支援隊（呉）
      - その他の部隊
    - 航空集団
      - 司令部（綾瀬）
      - 第1航空群（鹿屋）
        - 第1航空隊（鹿屋）
      - 第2航空群（八戸）
        - 第2航空隊（八戸）
      - 第4航空群（綾瀬）
        - 第3航空隊（綾瀬）
        - 硫黄島航空基地隊（小笠原）
      - 第5航空群（那覇）
        - 第5航空隊（那覇）
      - 第21航空群（館山）
        - 第21航空隊（館山）
        - 第23航空隊（舞鶴）
        - 第25航空隊（むつ）
  - 横須賀地方隊
    - 横須賀地方総監部
    - 第41掃海隊
    - その他の部隊
  - 呉地方隊
    - 呉地方総監部
    - 阪神基地隊（神戸）
      - 第42掃海隊
    - その他の部隊
  - 佐世保地方隊
    - 佐世保地方総監部
    - 下関基地隊（下関）
      - 第43掃海隊
    - 沖縄基地隊（うるま）
      - 第46掃海隊
    - 対馬防備隊（対馬）
    - その他の部隊
  - 舞鶴地方隊
    - 舞鶴地方総監部
    - 第44掃海隊
    - その他の部隊
  - 大湊地方隊
    - 大湊地方総監部
    - 函館基地隊（函館）
      - 第45掃海隊
    - 余市防備隊（余市郡余市町）
      - 第1ミサイル艇隊
    - 稚内基地分遣隊（稚内）
    - その他の部隊

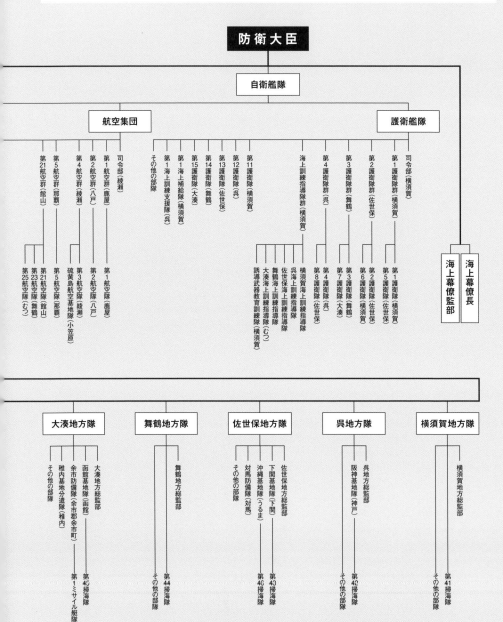

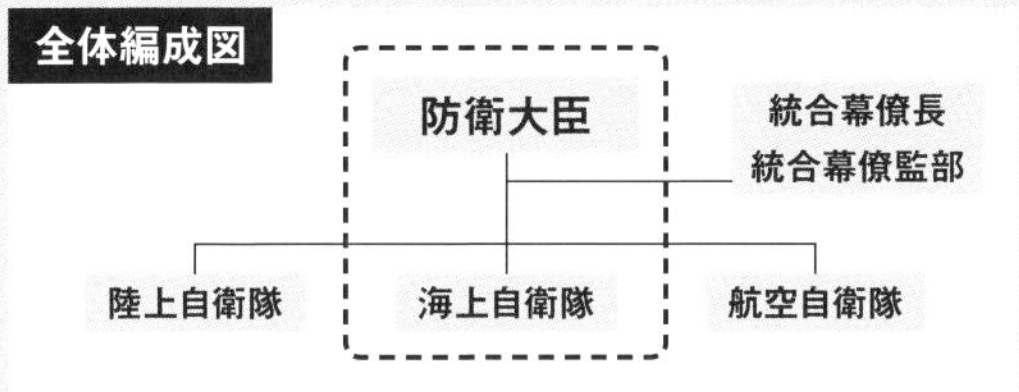
全体編成図
防衛大臣
統合幕僚長
統合幕僚監部
陸上自衛隊
海上自衛隊
航空自衛隊

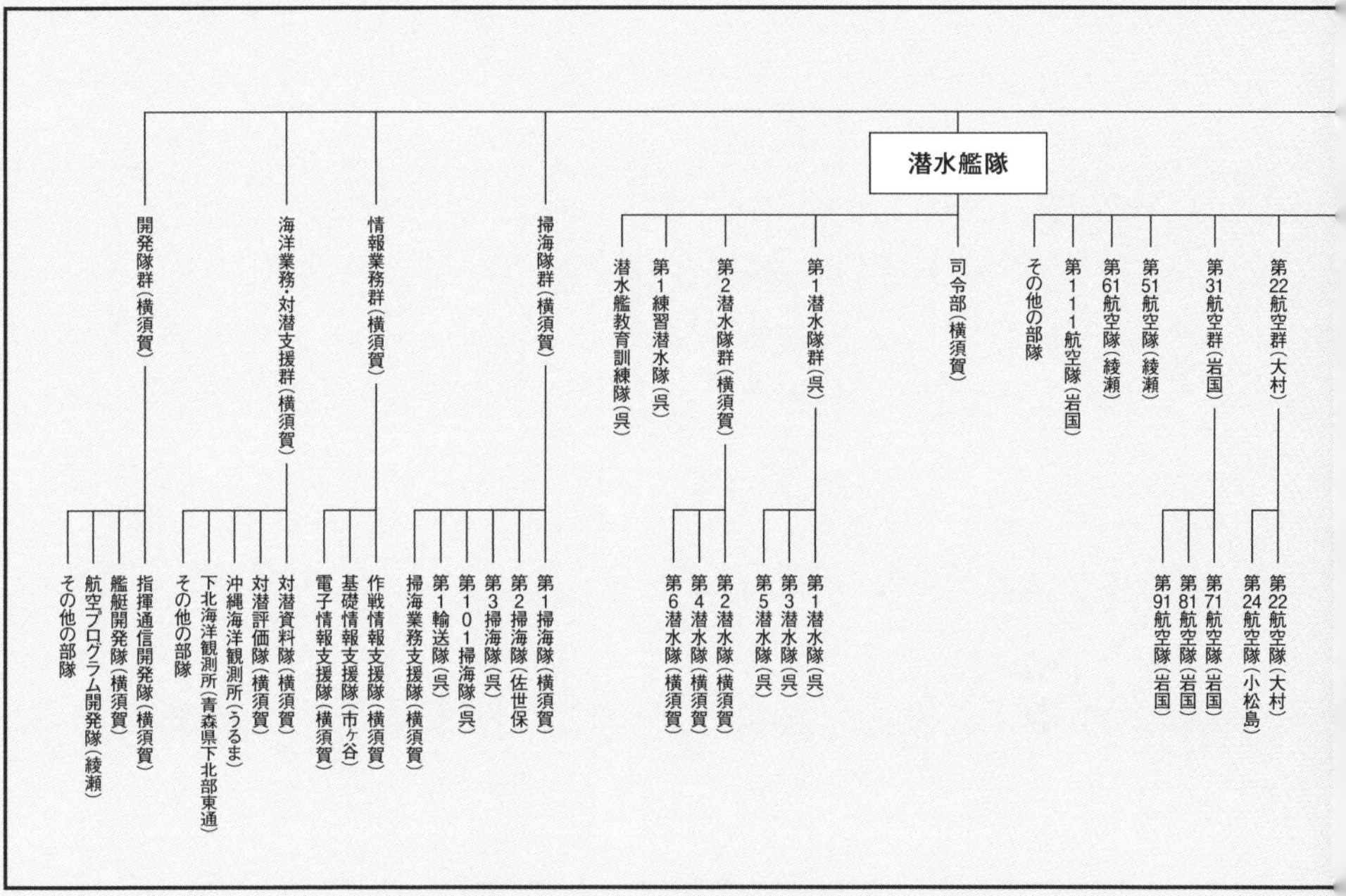
第22航空群（大村）
第22航空隊（大村）
第24航空隊（小松島）
第31航空群（岩国）
第71航空隊（岩国）
第81航空隊（岩国）
第91航空隊（岩国）
第51航空隊（綾瀬）
第61航空隊（綾瀬）
第111航空隊（岩国）
その他の部隊
潜水艦隊
司令部（横須賀）
第1潜水隊群（呉）
第1潜水隊（呉）
第3潜水隊（呉）
第5潜水隊（呉）
第2潜水隊群（横須賀）
第2潜水隊（横須賀）
第4潜水隊（横須賀）
第6潜水隊（横須賀）
第1練習潜水隊（呉）
潜水艦教育訓練隊（呉）
掃海隊群（横須賀）
第1掃海隊（横須賀）
第2掃海隊（佐世保）
第3掃海隊（呉）
第101掃海隊（呉）
第1輸送隊（呉）
掃海業務支援隊（横須賀）
情報業務群（横須賀）
作戦情報支援隊（横須賀）
基礎情報支援隊（市ヶ谷）
電子情報支援隊（横須賀）
海洋業務・対潜支援群（横須賀）
対潜資料隊（横須賀）
対潜評価隊（横須賀）
沖縄海洋観測所（うるま）
下北海洋観測所（青森県下北部東通）
その他の部隊
開発隊群（横須賀）
指揮通信開発隊（横須賀）
艦艇開発隊（横須賀）
航空プログラム開発隊（綾瀬）
その他の部隊

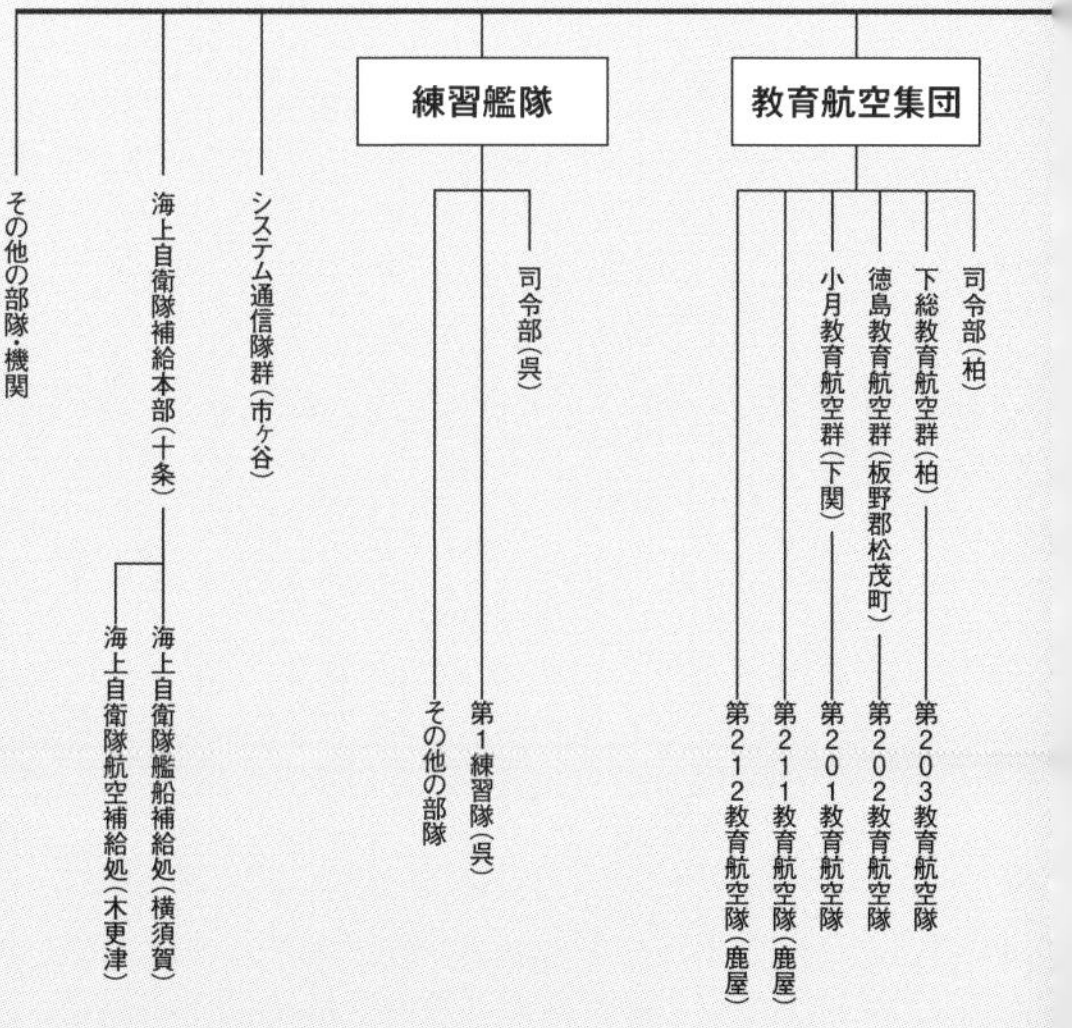
教育航空集団
司令部（柏）
下総教育航空群（柏）
第203教育航空隊
徳島教育航空群（板野郡松茂町）
第202教育航空隊
小月教育航空群（下関）
第201教育航空隊
第211教育航空隊（鹿屋）
第212教育航空隊（鹿屋）
練習艦隊
司令部（呉）
第1練習隊（呉）
その他の部隊
システム通信隊群（市ヶ谷）
海上自衛隊補給本部（十条）
海上自衛隊艦船補給処（横須賀）
海上自衛隊航空補給処（木更津）
その他の部隊・機関

航空自衛隊の編成

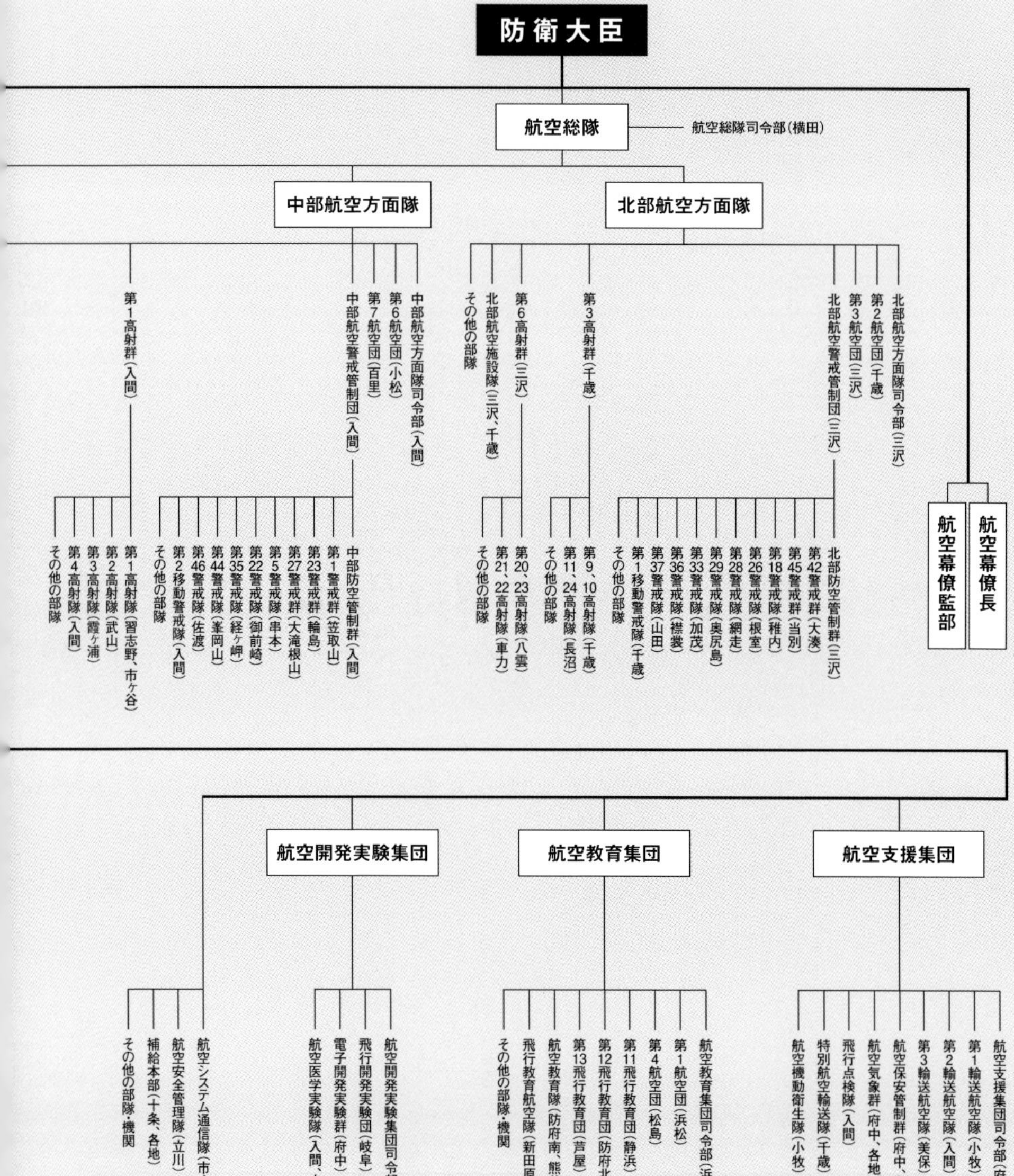

防衛大臣
航空総隊
航空総隊司令部(横田)
中部航空方面隊
北部航空方面隊
第1高射群(入間)
中部航空警戒管制団(入間)
第7航空団(百里)
第6航空団(小松)
中部航空方面隊司令部(入間)
第1高射隊(習志野、市ヶ谷)
第2高射隊(武山)
第3高射隊(霞ヶ浦)
第4高射隊(入間)
その他の部隊
中部防空管制群(入間)
第1警戒群(笠取山)
第23警戒群(輪島)
第27警戒群(大滝根山)
第5警戒隊(串本)
第22警戒隊(御前崎)
第35警戒隊(経ヶ岬)
第44警戒隊(峯岡山)
第46警戒隊(佐渡)
第2移動警戒隊(入間)
その他の部隊
その他の部隊
北部航空施設隊(三沢、千歳)
第6高射群(三沢)
第3高射群(千歳)
北部航空警戒管制団(三沢)
第3航空団(三沢)
第2航空団(千歳)
北部航空方面隊司令部(三沢)
第20、23高射隊(八雲)
第21、22高射隊(車力)
その他の部隊
第9、10高射隊(千歳)
第11、24高射隊(長沼)
その他の部隊
北部防空管制群(三沢)
第42警戒群(大湊)
第45警戒群(当別)
第18警戒隊(稚内)
第26警戒隊(根室)
第28警戒隊(網走)
第29警戒隊(奥尻島)
第33警戒隊(加茂)
第36警戒隊(襟裳)
第37警戒隊(山田)
第1移動警戒隊(千歳)
その他の部隊
航空幕僚長
航空幕僚監部
航空開発実験集団
航空教育集団
航空支援集団
航空システム通信隊(市ヶ谷、各地)
航空安全管理隊(立川)
補給本部(十条、各地)
その他の部隊・機関
航空開発実験集団司令部(府中)
飛行開発実験団(岐阜)
電子開発実験群(府中)
航空医学実験隊(入間、立川)
航空教育集団司令部(浜松)
第1航空団(浜松)
第4航空団(松島)
第11飛行教育団(静浜)
第12飛行教育団(防府北)
第13飛行教育団(芦屋)
航空教育隊(防府南、熊谷)
飛行教育航空隊(新田原)
その他の部隊・機関
航空支援集団司令部(府中)
第1輸送航空隊(小牧)
第2輸送航空隊(入間)
第3輸送航空隊(美保)
航空保安管制群(府中、各地)
航空気象群(府中、各地)
飛行点検隊(入間)
特別航空輸送隊(千歳)
航空機動衛生隊(小牧)

全体編成図

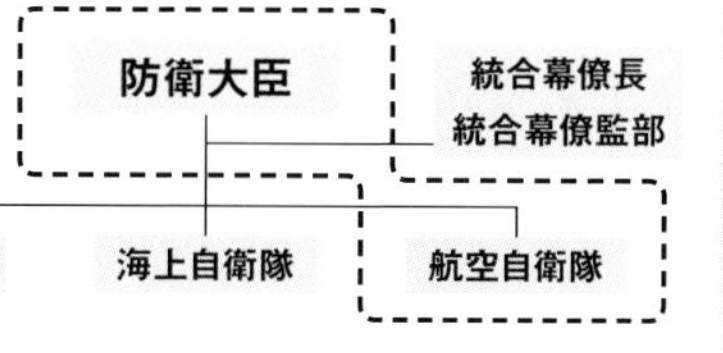
防衛大臣
統合幕僚長
統合幕僚監部
陸上自衛隊
海上自衛隊
航空自衛隊

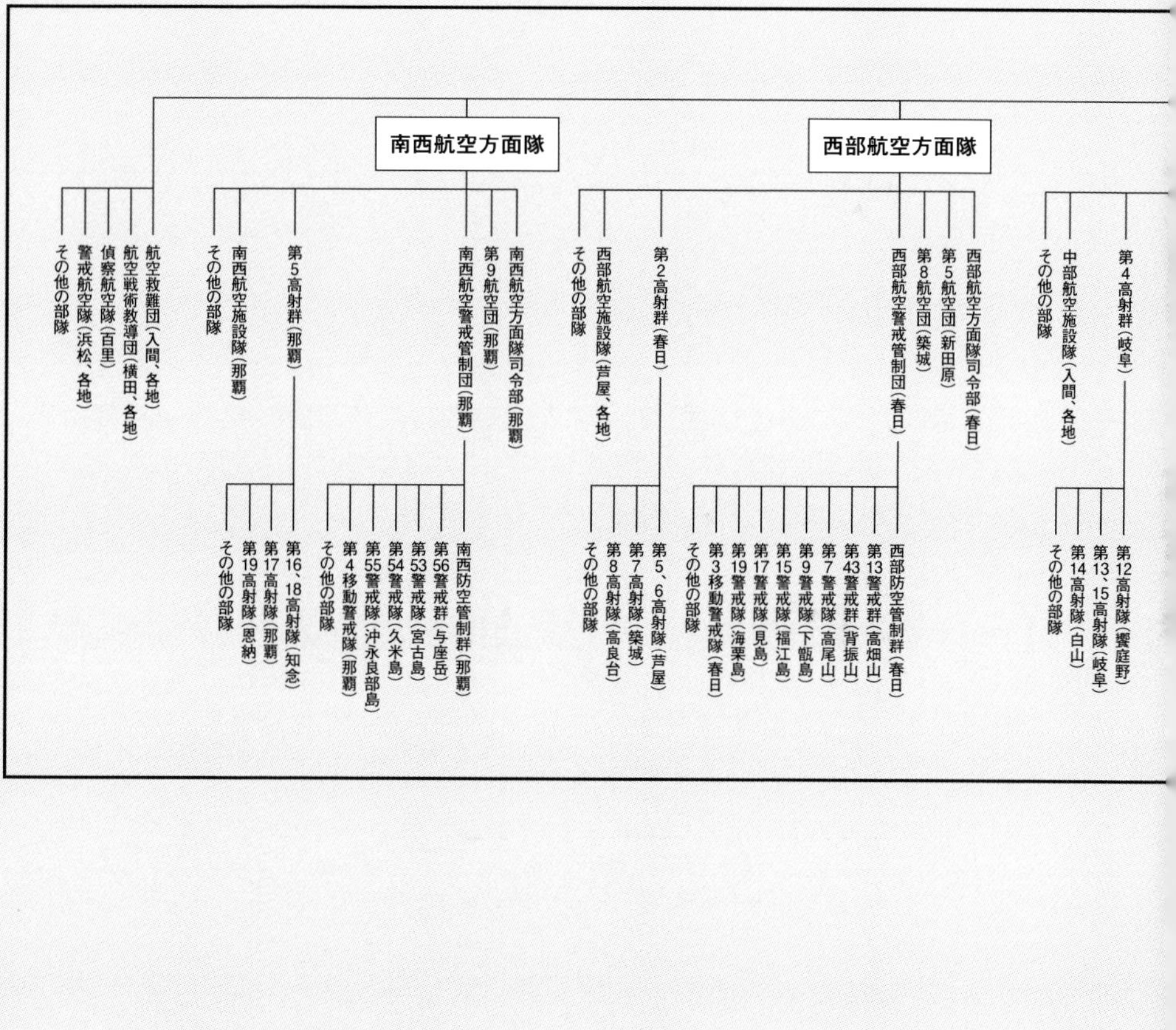
西部航空方面隊
西部航空方面隊司令部（春日）
第5航空団（新田原）
第8航空団（築城）
西部航空警戒管制団（春日）
西部防空管制群（春日）
第13警戒群（高畑山）
第43警戒群（背振山）
第7警戒隊（高尾山）
第9警戒隊（下甑島）
第15警戒隊（福江島）
第17警戒隊（見島）
第19警戒隊（海栗島）
第3移動警戒隊（春日）
その他の部隊
第2高射群（春日）
第5、6高射隊（芦屋）
第7高射隊（築城）
第8高射隊（高良台）
その他の部隊
西部航空施設隊（芦屋、各地）
その他の部隊
南西航空方面隊
南西航空方面隊司令部（那覇）
第9航空団（那覇）
南西航空警戒管制団（那覇）
南西防空管制群（那覇）
第56警戒群（与座岳）
第53警戒隊（宮古島）
第54警戒隊（久米島）
第55警戒隊（沖永良部島）
第4移動警戒隊（那覇）
その他の部隊
第5高射群（那覇）
第16、18高射隊（知念）
第17高射隊（那覇）
第19高射隊（恩納）
その他の部隊
南西航空施設隊（那覇）
その他の部隊
航空救難団（入間、各地）
航空戦術教導団（横田、各地）
偵察航空隊（百里）
警戒航空隊（浜松、各地）
その他の部隊
第4高射群（岐阜）
第12高射隊（饗庭野）
第13、15高射隊（岐阜）
第14高射隊（白山）
その他の部隊
中部航空施設隊（入間、各地）
その他の部隊

主要部隊等の所在地 （平成29年度末現在）

■ 航空自衛隊
- 航空総隊司令部
- 航空方面隊司令部
- 戦闘機部隊
- 地対空誘導弾部隊
- 航空警戒管制部隊（レーダーサイト）

● 海上自衛隊
- 自衛艦隊司令部
- 地方総監部
- 主要艦艇基地
- 主要航空基地（固定翼哨戒機部隊）
- 主要航空基地（回転翼哨戒機部隊）

▼ 陸上自衛隊
- 陸上総隊司令部（及び東部方面総監部）
- 方面総監部
- 師団司令部・旅団司令部
- 空挺団
- 地対空誘導弾部隊
- ヘリコプター団

防衛省、統合幕僚監部
陸・海・空幕僚監部

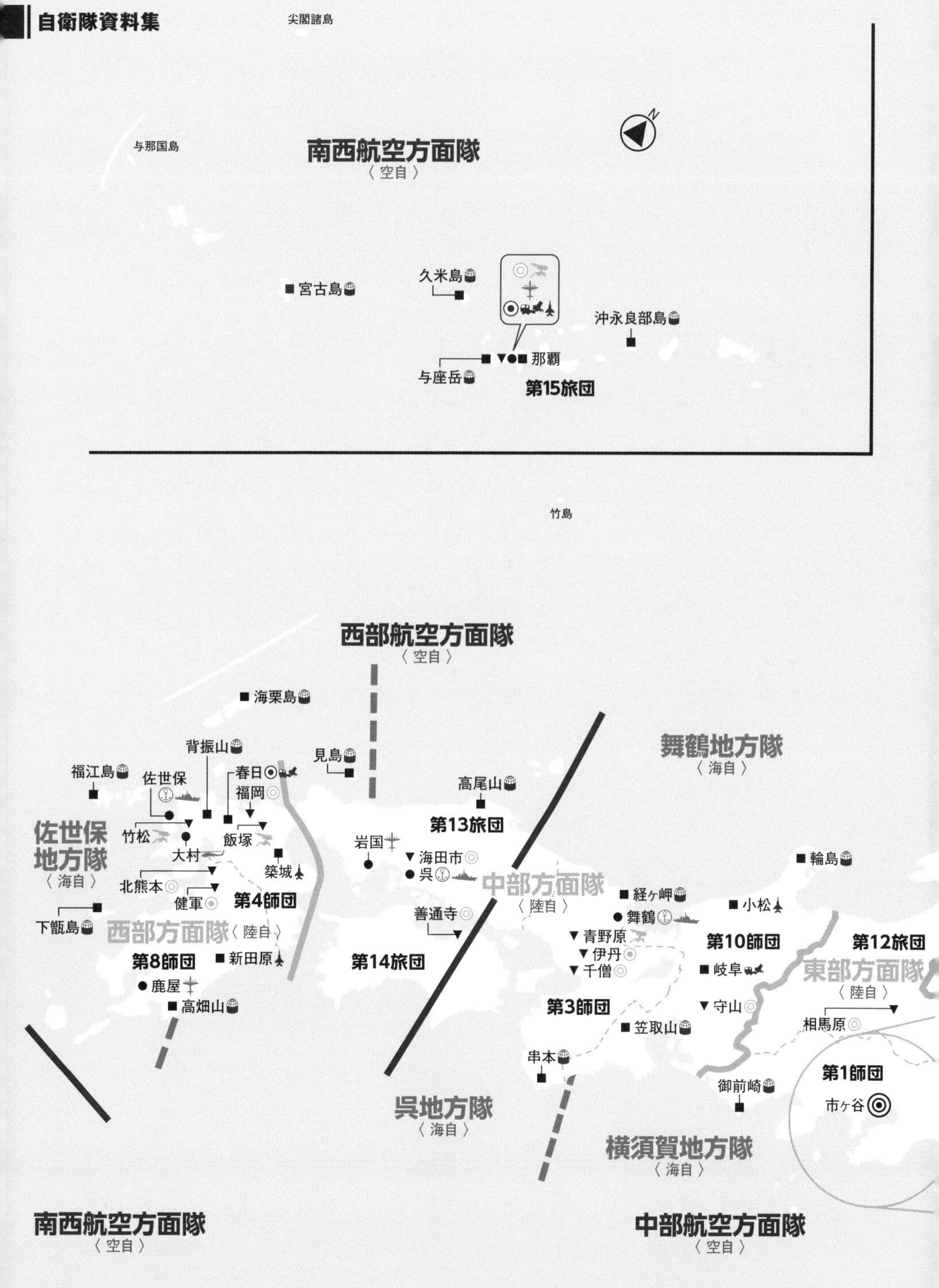

尖閣諸島
与那国島
南西航空方面隊
〈空自〉
久米島
宮古島
沖永良部島
那覇
与座岳
第15旅団
竹島
西部航空方面隊
〈空自〉
海栗島
背振山
見島
福江島
佐世保
春日
福岡
高尾山
第13旅団
舞鶴地方隊
〈海自〉
佐世保地方隊
〈海自〉
竹松
大村
飯塚
築城
岩国
海田市
呉
北熊本
健軍
第4師団
中部方面隊
〈陸自〉
輪島
経ヶ岬
小松
舞鶴
下甑島
西部方面隊
〈陸自〉
善通寺
青野原
伊丹
千僧
第10師団
第12旅団
第8師団
新田原
第14旅団
岐阜
東部方面隊
〈陸自〉
鹿屋
高畑山
第3師団
守山
相馬原
笠取山
串本
第1師団
御前崎
市ヶ谷
呉地方隊
〈海自〉
横須賀地方隊
〈海自〉
南西航空方面隊
〈空自〉
中部航空方面隊
〈空自〉

著者紹介

菊池雅之
（きくち　まさゆき）

軍事フォトジャーナリスト。1975年、東京生まれ。講談社フライデー編集部を経てフリーに。世界各国を飛び回りながら、軍事情勢の取材活動を行う。また危機管理をテーマに警察や海保、消防を取材。TVアニメ「東京マグニチュード8.0」や映画「ヱヴァンゲリヲン新劇場版：破」、漫画版「亡国のイージス」などの軍事監修や資料提供も。著書『陸自男子』（COSMIC MOOK）、『ビジュアルで分かる自衛隊用語辞典』（双葉社）など多数。

知っているようで、知らなかった
自衛隊の今がわかる本

2018年11月20日　第1刷発行

著　者　　菊池雅之
発行者　　江尻 良
発行所　　株式会社ウェッジ
〒101-0052
東京都千代田区神田小川町1-3-1
NBF小川町ビルディング
電 話　03(5280)0528
FAX　03(5217)2661
振 替　00160-2-410636
http://www.wedge.co.jp/

印刷・製本所　　図書印刷株式会社
編　集　　服部夏生（常緑編集室）
デザイン　　東京クリエイティブラボ
協　力　　陸上幕僚監部広報室／海上幕僚監部広報室
航空幕僚監部広報室／防衛装備庁
米海軍／米空軍／米ミサイル防衛庁
中国軍／ロシア軍

© Masayuki Kikuchi 2018 Printed in Japan by WEDGE Inc,
ISBN 978-4-86310-211-8

定価はカバーに表示してあります。
乱丁・落丁本は小社にてお取り替えします。
本書の無断転載を禁じます。